可怕的心理学 3

自由操纵人心

[日] DaiGo◎著　张　弛◎译

廣東省出版集團
广东经济出版社

图书在版编目（CIP）数据

可怕的心理学3/（日）DaiGo著；张驰译. —广州：广东经济出版社，2014.10

ISBN 978-7-5454-3369-2

Ⅰ.①可… Ⅱ.①D…②张… Ⅲ.①心理学—通俗读物 Ⅳ.①B84-49

中国版本图书馆CIP数据核字（2014）第103844号

著作合同登记号 图字：19-2014-034

HITO no KOKORO wo JIYU ni AYATSURU GIJUTSU by DaiGo

Original Japanese edition published by FUSOSHA Publishing, Inc., Tokyo.

This Simplified Chinese language edition is published by arrangement with FUSOSHA Publishing, Inc., Tokyo in care of Tuttle-Mori Agency, Inc., Tokyo through Beijing GW Culture Communications Co., Ltd., Beijing.

出版发行	广东经济出版社（广州市环市东路水荫路11号11～12楼）
经销	全国新华书店
印刷	北京雁林吉兆印刷有限公司（北京市密云县十里堡镇红光村47号）
开本	880毫米×1230毫米 1/32
印张	6.75
字数	118 000
版次	2014年10月第1版
印次	2014年10月第1次
书号	ISBN 978-7-5454-3369-2
定价	39.80元

如发现印装质量问题，影响阅读，请与承印厂联系调换。

广东经济出版社常年法律顾问：何剑桥律师

目　录

CONTENTS

第二章 自由操纵人心基础篇——读心术

第三章 自由操纵人心进阶篇——操纵术

第四章 自由操纵人心之搞定职场篇

前 言

PREFACE

人们看到超乎想象的、未知的事，或者短时间内无法理解的现象时，为什么心里会产生兴奋和刺激的感觉呢？

据说，“大脑”这一器官，就是以“某件事超乎常理”为前提而设计的，能使人们产生兴奋刺激感的脑部机能装置。因此，如果在原本能预想到的事物中出现“超乎想象的事”，那么人们就会觉得它极具魅力。

我所尊敬的爱因斯坦博士曾说过这样一句话，“谁要是不再有好奇心，也不再有惊讶的感觉，谁就无异于行尸走肉”。不过，那些能使人的心脏扑通扑通跳起来的“感动”电波，到底来自何处呢？关于这一点，实际上，还没有一个明确的答案。

目前，人们已经解决了人类的三大生理欲望，即睡眠欲望、食欲和性欲的问题，解决了它们分别是由大脑的哪个区域作用产生，以及如何产生的问题。而相对更为高级的求知欲为何而来、从何而来却仍旧处于未知领域中。尽管我们都知道，当我们进行学习、理解未知事物时，经常会感到“有趣”的心理现象是由大脑作用后产生的，但我们却不知道它是不分老幼、超越种族的，是世界人民共通的心理现象，也不知道它具体产生于大脑的哪个部分，光是这些就足以令人产生浓厚的兴趣了。

我不喜欢那些被称为“超能力者”的人

在我的记忆中，第一次看到被称为“超能力”的现象是在一期电视节目上。那时，我和世界上大多数人一样，对自己初次看到的、不可思议的现象感到兴奋和刺激，心脏怦怦跳个不停。

为什么那些人能知道他人在想什么呢？是因为他们能料中他人的行动吗？尽管我对那种看起来轻轻松松就能办到常人难以理解的事情的能力怀有好奇心和敬畏感，但却一点儿也不喜欢那些被称为“超能力者”的人。

为什么呢？因为每次我就超能力这个问题和那些在电视上大展身手的“超能力者”交谈时，他们总是说，“我的能力是神赋予的，是神赐给我的礼物”。

也就是说，他的能力不是靠后天努力获得的。言下之意就是，“我有特殊的能力，而你们没有，所以我能办到的事，你们办不到”。

我的母亲是个药剂师，所以我从小看的就不是童话书，而是与药剂相关的书，也正因为此，我从小就对科学理论怀有浓厚的兴趣。像我这样的人，虽然没有什么特殊技能，但是难道我就不能靠其他知识和方法做出比那些“超能力者”更厉害的事吗？不，绝对可能！我从一开始就认定，肯定存在这样的途径。

以上想法是我在上中学的时候产生的，后来我便遇到了“心灵魔术”。恐怕在我的中学时代，就注定将来我会被“心灵魔术”的深奥之处所吸引。

高中毕业后，我怀着“从工学角度构建人类大脑”的梦想，进入了日本庆应义塾大学理工学部，专攻物理情报学。大学期间，我参与了对构成“人工智能”的材料的研究，“人工智能”可以产生与人类大脑相似的记忆功能。

以下要谈到的内容可能会有些晦涩难懂。在构成“人工智能”的材料中，有一种材料是作为记忆媒体来使用的，就像电脑的硬盘一样。它叫作 Spin Glass（自旋玻璃），是一种磁性系统。这种磁性系统和其他的磁性系统不一样，它具有更有趣的特性。一般来说，在大脑的一个区域中只能储存一种记忆，与此相对，自旋玻璃则可以储存多种记忆。也就是说，它可以重叠记忆中的许多信息。不仅如此，它还能根据记忆和记忆之间的关系，产生联想记忆。只不过，如果改变自旋阵列中的一部分，整张记忆网就会“唰”地一下跟着改变，记忆也就变得截然不同了。

其实，人类的记忆也是一样的。它可能会因为“一件非常简单的小事”就使整体产生变化。人类的记忆中并不全是“事实”和“真实”，就好像改变自旋阵列那样，我们可以简单地用虚假的记忆来替换那些真实的记忆。

话扯得有些远了。在大学时代，我对“记忆”进行了不少研究，然后我的兴趣渐渐脱离了“人工智能”，转移到了真正的人类大脑及其智能上。

正是在那个时候，我遇到了心灵魔术。

然后，我的兴趣转向了人类心理学。后来，我和我的现任制作人兼经理人山村纯，以及被我尊为师长的心灵魔术师KOU ☆三个人组成了“$Call^3$”这个心灵研究会。此后，作为直接接触人类心理的心灵魔术师的我正式开始表演活动。

“任何超自然的现象都可以用科学来解释。”

对我来说，在少年时代曾使我无限憧憬，同时又激起我反抗思维的“超能力”，已经变成了完全能用科学来解释的现象。

只要知道秘诀，操纵人心简直太容易了

人类总认为眼睛看到的东西和感觉到的东西是真实的，然而这并不是事实。虽然说起来有点遗憾，但是人类的思维和感觉实际上是非常容易被欺骗的。

有的时候，我会在午餐会时，面对一定数量的人群进行心灵魔术表演。我会站在舞台上，举起自己的右手，对人们说“各位，请举起你们的右手”，那么会发生什么事呢？大部分人都会一边望着我的右手一边把自己的左手举起来。也就是说，大部分人看到面对他们的我举起来的右手出现在他们的左侧时，大脑会上当受骗。

一位叫基斯巴利（Keith Barry）的爱尔兰心灵魔术师，一直活跃在欧洲。他曾说过：“只要知道秘诀，操纵人心简直太容易了。如果不想让观众注意我的右手，只要我自己不去看就行了。”就像这样，根本不用使用什么机关道具，只需要把握当时的状况，巧妙地潜入人们的思维中，控制对方的意识和注意点，动摇他们的心理就可以了。这才是心灵魔术，这才是心灵魔术的奥妙所在。

好了，下面我们来研究一个问题：心灵魔术是否只能用

于舞台表演呢？答案是否定的。我们用不着大张旗鼓地站在舞台上说，“瞧，我预测到你下一步的行动了哦”。实际上，心灵魔术应该在日常生活中使用，这样才能产生不为人知的“奇迹般”的效果。而心灵魔术在日常生活中的最大运用，就是本书将要论述的主题——自由操纵人心。

在这里，我想对本书的结构做如下说明：首先我会简要介绍心灵魔术与心灵魔术师，进而揭示舞台上表演的心灵魔术与生活中的自由操纵术的奥秘，并专门分为基础篇读心术，以及进阶篇操纵术进行详细解说，提供诸多实用的细节与技巧。其次，我还会分别围绕工作和恋爱这两大主题，针对人们可能遇到的各种问题与困扰，介绍如何能自由操纵人心的具体操作手法。

最后，我想强调一点：在对自由操纵术进行实践时，虽然使用单一手法也能达到不错的效果，但是，如果能叠加使用多种手法，作为复合技能使用，就会获得更为惊人的效果。

因此，为了实现你想要的效果，请一定在生活中实际应用书中的手法，不要仅限于在工作和恋爱的场合中使用。不管你从书本中汲取了多少知识，都要应用在行动上，这样才能改变现实。否则，即使获取再多的知识，也都只是纸上谈兵。

如果我介绍的自由操纵术能够帮助你改变“现实”，那么我将感到万分荣幸。

第一章　自由操纵术的前世今生

自由操纵人心，谁最厉害

当人们感到惊讶，或者是看到未知现象时，大脑便会活跃起来；当遇到无法理解的事物时，人们便会睁大双眼、张大嘴巴、侧耳倾听，询问“发生什么事了”“后来怎么样了”，并积极汲取信息。

人们在“积极汲取信息”时，就进入了非常容易相信、容易被说服，并容易接受“暗示”的状态。因此，心灵魔术师会故意制造一些“惊奇”，或者“伴随着冲击的感动”，然后再逐渐转移到较为深奥的心理层面上。事实上，这种手法和那些让追随者见证奇迹的魔术师们使用的手法是相同的。

每时每刻都是见证奇迹的时刻

据说 2011 年去世的印度精神导师赛巴巴（Saibaba）能在转动手掌时，使自己的手心里出现圣灰、项链、戒指等各种各样的物品。这种奇迹正是心灵魔术师在进行演出时使用的“导入”手法，这和利用“令人惊讶的言行”吸引对方的注意力，再进一步挖出下一个信息的方法是一样的。我把“导入”手法用在弯曲叉子（金属制品）上，而赛巴巴用在了手心现物上。

实际上，就算没有冠上“心灵魔术师”这样的头衔，世间也存在着各种各样的心灵魔术师。比如，在中世纪末期被烧死的不计其数的女巫，还有灵媒师（宗教学中称之为禁厌师、医巫、术士。高级的灵媒师被称为祭师、先知、天使或圣者）、占卜师、心理咨询师、巫师、推销人员，以及有着“审问高手”之称的名警察和名侦探……

世上真的有“超能力者”吗

我在舞台上进行的心灵魔术是一种表演，是利用物理学、心理学等知识，以表演的形式将被世间称为超能力、超能现象、意念、心灵感应、预知等的各种现象实际展现出来的“艺术”。请大家注意，这绝对不是在说我自己拥有超能力或通灵能力，事实是，我正好站在相反的立场上。

我并不希望让大家产生“这种力量多么不可思议”的想法，而是要光明正大地使用“科学的力量”，将大家认为是用超能力和通灵能力才能办到的不可思议的“超自然现象”再现出来。

说到这里，大家的脑海中是不是已经塞满了以下的疑问呢？

“心灵魔术不是超能力吗？”

“真的存在超能力者吗？”

就让我清楚明白地回答各位吧。

其实，答案是“No”。

有的人把超能力作为一种表演向众人展示，也有人在无意识间实践了心灵魔术的理论，从而深信自己“具有不可思议的力量”。

不过，我已经明确表示过要用科学再现超能力。以我之见，所谓的“不可思议的力量”，不过是发生了一些可以用科学解释清楚的事而已。

心灵魔术师是一群什么人

我想现在大家应该也已经明白，所谓的心灵魔术师并不是指那些具有特殊能力的人。

德国独裁者阿道夫·希特勒曾经说过：“我能用语言创造一切。”历史上，希特勒是残暴的，是引发第二次世界大战的核心人物，但客观来讲，单就当时德国民众对他的狂热崇拜这一点，他自由操纵人心的能力便可见一斑。（本书只评价希特勒在心灵魔术方面的表现，不涉及该人物在历史长河中的是非对错。——编者注）

各位听到这个评价，心里会想到些什么呢？

推行种族主义，对犹太人及有身体障碍的人进行政治上的迫害，这些都是第二次世界大战爆发的诱因。但是，在希特勒那种将“罪恶”和“疯狂”权力化的行为的背面——特别是在其执政早期——他也获得了民众压倒性的信赖与支持，曾被称为能让幻想成为现实的拥有“上帝力量”的人。他既是危险的煽动者，也是在国民选举中一举获得 90% 支持率的政治家。24 年间，他从党首一路升到总理，最后统治整个德国。

一个人是否能有效潜入他人内心，让其完全听命于自己；

如何让不可能的事和需要说服别人才能相信的事，摇身一变，成为可能；应该加点什么“佐料”，用什么形式来表演，才能产生远超过想象的效果。

这就是心灵魔术与自由操纵术的精髓。在这个意义上，可以说希特勒已得其中三昧。他并不是超能力者，但他有时是个预言家，有时又是个魔术师，甚至有人说，他看上去简直就是宗教家、神和恶魔的结合体。

这不正是希特勒原本具有的能力和缜密的心思共同作用后产生的效果吗？

心灵魔术能帮你创造更多可能

那么，究竟什么是“心灵魔术”呢？现在，让我们一起进入正题。

令人遗憾的是，东方人对“心灵魔术”的认知近乎为零；而在西方，尤其是一些欧美国家，心灵魔术师早已广为人知了。他们不仅有了自己的电视特辑，登上了特别节目，甚至还制作了以虚构的心灵魔术师为主人公的电视剧和电影。

电视剧里的主人公们使用“心灵魔术”，试图解决案件、阐明疑问，而我们则是用表演的形式将“心灵魔术”展现给众人。

简而言之，心灵魔术就是“超能力的公开表演”“心灵术的娱乐演出”。

心灵魔术是以研究行为和心理的科学——即以心理学为中心，并由类似于使用运动力学、催眠疗法，靠催眠、暗示、肌肉的运动和柔软性读取对象心理的读肌术，以及出现在侦探小说中的观察能力和谈话术等各种各样的理论和手法、策略等构筑而成。这些知识和技巧交织起来，形成了“心灵魔术”。

有人可能会问，心灵魔术和大家所熟知的魔术有什么区别。下面我就来简单谈谈我的认识。

魔术中需要使用道具使物品消失、移动，或对物品进行透视；心灵魔术则不需要使用任何道具，就能成功办到上面所说的事。也就是说，对于魔术来说不可或缺的“道具和机械”，在进行心灵魔术时大多不会使用，这就是心灵魔术的一个特征。

心灵魔术中会使用到的心理诱导的基本原理，以及控制观众的手法确实和魔术有许多相似之处，有很多共通点。但是，心灵魔术和魔术所导出的结果是大不相同的。

在魔术中，音乐、身体的动作、手法都表现得非常生动，其“不可思议”的效果可以通过视觉来确认。不过，心灵魔术产生的多半都是心理现象，大部分效果都作用在人的内心，并没有“形象”而言。比如，不应该被外人知道的过去，个人的性格、信息等，心灵魔术还有可能知道魔术师通过魔术无法知道的事情。

另外，从严格意义上来说，心灵魔术和一般的心理学也有很大不同。心理学是将类似于“某一类型的人具有的某一方面的性格”的规律体系化，而心灵魔术则是集中探索此时此刻出现在面前的这个人的“真实情况”。

人们的性格是随着当时面对的人和当时的心情的变化而变化的。因此，我们应该以下面的态度来思考问题，“从知识层面来讲应该是这样的，但是，事实真的是这样吗？”不先下定论，而是先确认事实。心灵魔术并非心理学，而是“心理术”。

在使用心理术时，掺入一些魔术手法，最终展现出的是魔术和心理学都不能解释的超常现象，这就是“心灵魔术”。

只需记住一些秘诀，即使你只和对方见过一面，你也能给他留下难以忘怀的印象，用话语让人产生期待，不管对方喜欢你还是讨厌你，都能觉得你这个人不可思议，被你的魅力征服。难道你不想拥有这样的“上帝力量”吗？

所有人都会选择你希望他们选择的东西，而且他们还不觉得这是你希望他们选择的，他们会认为这些选择是“出于自己的考虑”，你想不想拥有这种能力呢？

要做到这些，我们没必要变成像希特勒那样“特殊的人”。

如果能学会心灵魔术，在日常生活中运用自由操纵术，就可以获得上帝恩赐般的力量，成为自己的人生顾问，甚至变成一名优秀的人生导演。

如果能熟练使用心灵魔术，你就能顺利地进行人际交流，读取到他人尚未说出的情感，从而照顾到对方的心情，最后周围的人都会对你抱好感。另外，在工作场合和私人场合中也能建立起良好的人际关系；在商务谈判中深入对方的内心，扭转劣势获得成功。从这个意义上说，心灵魔术就是这样一种能帮助你创造更多可能的手段。

自由操纵术的奥秘

心灵魔术何以可能？自由操纵人心何以可能？既然心灵魔术不是超能力，而且完全可以用科学解释，那么，其奥秘究竟是什么呢？

自由操纵术的命门：人类共有却鲜有人知的特性

事实上，人类都有一些与生俱来的、“无法摆脱”的特性。

比如，德国心理学家赫尔曼·艾宾浩斯（Hermann Ebbinghaus）发现的“记忆遗忘”理论。根据这一理论，人类所产生的感情，不管是愤怒、悲伤，还是幸福，都会在20分钟后开始被遗忘。也就是说，如果想要留住记忆，人类必须在20分钟内再次重温。

又比如，左耳和右耳存在功能差异。我们总认为左耳和右耳在听声音这一功能上是一样的，所以对听到的内容的理解和认知程度也是一样的。但事实上，人类的大脑比较容易接受右耳听到的信息，特别是在被别人拜托的时候，如果别人的请求是从右耳听到的，那么承诺率要比从左耳听到的高 2 倍，这其实和大脑的位置有关系。此外，就眼睛看到的信息而言，从左往右看到的事物要比从右往左看到的事物更容易消化、理解。

在日本，竖排的文字都是从上至下，从右往左排列的。对此很多人可能会不解，难道从右往左看到的信息才更容易理解吗？事实并非如此。你会发现，走到街上，很多广告牌、商品名称基本都是从左往右的横排字；在工作场合，开会时写的板书，使用的资料、企划书等文件也大都是横排的。

这就说明，眼睛看到的信息还是从左往右理解得更快。本书正是采用了基于“视线从左往右阅读比较容易理解”这一特性的横排印刷方式。

另外，我们还需要抓住人类从小就不断重复地体验，进而渗透到内心的那些习惯。

比如，如果人们看到某些地方写着 1、2、3、4……这样的数字，便会无意识地认为越小的数字越好。这是由于我们的大脑已经习惯了顺位制的缘故，所以，在商品名称和店铺名称中，很容易出现“第一”这样的字眼。另外，不管在多么不起眼的竞赛中，只要拿到第一，人们就会特别高兴，也是基于这个原因。

这样的例子数不胜数。而这些人类普遍具有，但却鲜有人知的特性，就是心灵魔术与自由操纵术的最大命门。可以说，对于这些特性能否掌握、掌握多少，能否运用、熟练程度如何，直接关系到心灵魔术与自由操纵术的成败。

所以，心灵魔术是一种超越了人种、性别、年龄等局限，抓住“只要是人都会拥有的特性和习惯”，并将其代入日常生活中，达到操纵对方目的的技术。从日常生活运用角度讲，便是我们下面要着重介绍的能够自由操纵人心的自由操纵术。

自由操纵术的基础：“无声”观察，“无声”操纵

要做到自由操纵人心，第一步是要学会观察。如果做不到仔细观察，那么就和盖房子不打地基没什么区别，会使好不容易记住的技术规则毫无用武之地。

◆能动观察：做一个感觉敏锐的人

观察是自由操纵术的基础。不过，在平时的表演中，

我遇到的都是初次见面的人，所以没有“过去”作为参照物。如“这个人今天说话的声音比平时大”，我是无法做这种比较的。因此，我必须在一瞬间观察对方，并解读出他的心理。对于我来说，每一次表演都是一场真枪实弹的战争。

这里所说的“观察”，并不仅限于观察对方的衣着打扮、姿容相貌，还有对方的言谈、动作、习惯、身上带的东西……除此之外，还包括对方根据我的行动和言谈做出的反应，这些都被称为“能动性观察”。抓住对方的一切反应和回答，并将其高超地组合起来，同时读取对方的心理，这就是自由操纵术的关键。

看到上面的这段文字，有些人可能会想，要办到这些肯定需要极高的技巧吧，但实际上，人们快速并同时进行思考、判断、处理复杂信息的能力是非常强大的。

一个人坐在咖啡厅里一边喝茶一边抽烟，脑子里同时想着明天就要提交的企划书和刚吵完架的恋人，并在无意识中推理坐在对面的那对男女是不是婚外恋……这难道不是很常见的日常情境吗？

除此之外，有的人能在一瞬间就察觉对面的人是紧张还是放松，是生气还是难过，或者发觉他不过是正在感冒而已。

如果你是个感觉敏锐的人，说不定在不知不觉中，你已经运用了自由操纵术的技巧了。

好了，让我们现在就环视四周，开始解读进入视野的人们的表情。同时，请一边解读一边稍作想象：

这个人幸福吗？

他是不是没睡好啊？

他结过婚吗？

他是做什么工作的？

当然，如果过于明显地四处窥视，或者在谈话时连珠炮般地问问题，那反倒有可能让对方提高警惕，请一定要注意避免。

◆灵活应变：读懂气氛背后的隐语

如果你是一名上班族，说不定经历过以下场面：

第一次到其他公司推销产品时，对方公司的接待员带你到会议室。你进入房间后，发现里面已经有几个人在聊天了。（如图 1 所示）他们有可能是一家公司的职员，但也有可能分别来自几家不同的公司。

此时，你要先向大家打招呼，然后就座。你很想马上进入关于产品的话题，但是仔细一听，其他人说的都和产品无关，而且看起来，对方公司完全没有认真商谈的打算。他们以不景气为理由，让你感觉他们并不打算购买你的产品。

你对对方公司的想法完全摸不到头绪，会后就回去了。

图 1

虽然能感觉到“看起来反应不怎么样”，但是对方到底是怎么看待你的产品的，你却说不好。

就这样，你在“摸不着头脑”的情况下度过了好几天，不知道再和对方公司怎么谈。不久，对方公司联络你，说“前几天的事怕是合作不成了”。而一旦被人家拒绝一次，再想反败为胜就不容易了。

但是，如果运用自由操纵术，你就能把握住对方的状况、感情，甚至是对方的立场。

如果觉得事情不顺利，难道要先尽量对付过去再说吗？

这么做也不是不行。但是，如果能冷静地观察自家公司及对方公司之间的气氛，那就能在对方说“No”之前准备好对策了。说不定还能更快地制订下一步的方案，并迅速付诸行动。

实际上，心灵魔术师们站在摄像机前或舞台上的时候，也都是当场把握节目嘉宾的状况，让他们的大脑活动起来，使节目获得成功的。

那么，该如何判断自己所处的位置呢？

比如，当你走进房间，里面已经有一群人在谈笑风生了。此时，最有可能的情况是，其他人都是相互认识的，只有你是个陌生人。

然后，请观察从你走进房间到对方起立打招呼这段时间里都发生了些什么。对方是立即就站起身来，递出名片，并伸手和你握手吗？他的目光是立刻就朝你转过来吗？他对你采取了什么样的态度呢？

如果对方认为你很重要，那他应该会立即起身，对你表示欢迎。（如图 2 所示）

请注意对方是否有以下表现：

他并不立即中断和别人的对话，而且还一边朝别人说着“噢噢，是这么回事啊！”一边站起身来，对你点个头，说声“来啦”当作招呼。

图 2

如果出现了这样的情况，那么很遗憾，对方对你和你的公司从一开始就没有多大兴趣，也不怎么期待这次会面。

对方之所以见你，可能只是因为有人介绍，觉得“没办法就见见吧”，或者是“反正是顺便的，就打个招呼吧”。面对这样的人，聪明的办法就是先沉住气，再想办法推动后面的商谈环节。

你可能会想，今天能打上招呼，就已经有 60% 的把握了，下次再全力进发吧。不过，如果你真的想和面前这些人合作，那么你就应该立刻切换成“全力进击模式”，而不是等下次。

然后，让我们进入下一环节。

如果你不能通过名片上的头衔来把握对方公司的权力系统，那么请你这么做。

问你面前的人："请问，我应该先和哪一位打招呼呢？"

如果有人回答你"从这位开始"，那么那位人士就应该是面前这些人里最年长，或者是地位最高的人了。

而如果那些人彼此对视，好像在互相问"怎么说好呢"，就表明这些人的职位和地位应该都差不多。

总之，你应该在一瞬间观察并准确地把握住当时的气氛和状况，这样就能明白对方的立场、意图，以及自己成功的可能性，从而采取正确的行动。

上面介绍的是对现场的把握，下面就来谈谈如何观察对方。

◆快速分析：每个细节都在"讲述"秘密

在进行表演时，我经常从协助我表演的观众那里借笔或便条纸，当然，这么做也是为了增加表演的可信度，表明东西是借的，没有什么机关、花样。不过，心灵魔术师能暗中观察对方持有的物品，在瞬间对其进行分析。

我们将在后面的基础篇中具体讲解使用手法。在这里，我要先讲一句，一个人选择并带在身上的物品可以展现出这个人的个性，例如物品的颜色、形状、年代、风格等。也就是说，“物品”在清楚地讲述主人的秘密。

接下来，请检视对象本身。

每个人都有多面性。当我们回首自身，自然就会明白这个道理。在每个人的身上，既有强大的自我，也有软弱的自我。相信大家都有这样的经历：发现自己的性格会随着状况，以及交往对象的不同而变化。所以，人的性格是有层次的。

心理测验会建议你“面对强大的对手时要如此应对”，或者“面对柔弱的对手时要这么做”。但实际上，几乎没有什么建议能完全符合实际情况，所以这些建议很难在实际生活中使用。

心理学上提出的建议，无非是通过统计数字计算后得出的平均值。就像有的人容易被催眠，有的人不容易被催眠一样，当使用某种询问技巧时，有的人会跟着你的思路说出你想要的答案，有的人却不会。尽管心灵魔术、自由操纵术是参考了众多学问、知识才建立起来的，但在演示中，我还是发现有很多例外情况。

如果要对一个人进行观察，最好的时机就是面对他的时候。比如在打招呼、交换名片时，观察两个人站立的位置。

具体的方法还要在后面的章节中才能说明，不过，要观察的点绝不止一个。

举个简单的例子，在递名片的时候，有的人会迅速地走过来递出名片，这样的人并不会以主动帮人做事为苦。我们通常称之为行动家、主动者、胆大心细的人，他们多少有点强行做事的风格。

有的人则会拉开一段距离，给自己留下较大的私人空间，这样的人多半都讨厌他人闯入自己的私人领地。和这样的人交往时，不妨对他表示一些敬意，那么两个人的关系会变得更加亲密。

心灵魔术师所使用的手法和我们经常说的人际交流方法、心理学或行为学都不同。首先，心灵魔术和自由操纵术是通过“观察”了解对方，然后通过“操纵”打入对方内心，在其处于无意识状态的情况下操纵对方。在进行表演时，要尽可能地从人群中选择“比较容易被诱导”的人来协助（因为这到底还是在表演）；而在工作和恋爱等场合中，则要瞄准对方气势减弱的“瞬间”和容易得手的“瞬间”，看穿他最希望你说的话和最希望你做的事，然后将其活用。不用说，大家肯定也知道对症下药是最有效果的。

那么，下面我们就讨论一下“操纵对方”过程中的“操纵”环节。

◆基本原则：在无意识状态中给以暗示

通过“观察”摸透了对方的底细后，你就可以在对方这张白纸上描绘你想要的图案了。这也是心灵魔术和自由操纵术在欧美被称为“艺术”的原因。

这种艺术创作是通过“操纵”才得以成为可能的，但是过于明显的操纵和控制会引起对方的反抗。因此，“在无意识状态中进行”是操纵的基本原则。

心灵魔术和自由操纵术中的操纵和诱导，指的就是“暗示”。也就是通过众多细微的暗示来影响对方，让对方认为“我出于自己的需要选了这个，这件事是我自己想做的，这是我自己的选择”。

最具代表性的暗示手法是“催眠”。

听到“催眠”两个字，大概很多人眼前会出现这样一幅画面。

催眠师在一个人面前晃动坠子，口中说着：

“你快要睡着了……睡着了……”

这种表演一般被称为“催眠秀”。在表演中，为了调动观众的情绪，表演者普遍会在催眠前大作声势，比如说：“现在我要施展催眠术了！我要把这个人变成猴子了！”我相信大家都在电视上看过这样的表演节目，也看过被施术者模仿猴子或狮子的过程。因此，我很明白大家在听到“催眠”两个字的时候，就会想到“我会被催眠师随心所欲地控制住”，从而产生警惕心理。

那么，如果我这样问，“以前，你曾经被催眠过吗？”会产生什么样的效果呢？

我想，你应该会很自然地回答，“不，没有”，或者说“我觉得没有”“有的，以前有过一两次”。

如果此时我再继续问：“如果我现在对你进行催眠，你觉得如何呢？”

我想你还是会自然地回答“听上去挺有意思的”“如果能不做还是别做了”“我也不知道……不过有点吓人”。大家在说这些话的时候，应该完全没有抵抗心理，只是在给我不同的答案而已。

说得极端一点，这个时候无论你说什么都不重要，重要的是：这个时候的你已经在一边说话一边想象“自己被催眠”的情景了。

你的想象并非被强迫产生的，而是自发产生的。仅仅由于是“自发产生”，以上对话的暗示效果就已经比大声说出“我现在可要催眠你了哦”的效果要好很多。

◆现代催眠：在普通的谈话中控制对方

于1980年去世的美国心理学家、精神科医生米尔顿·埃里克森(Milton Erickson)博士是一位精神疗法的权威专家，被称为“现代催眠之父”。他曾经施展过类似于上面提到的催眠手法，在普通的谈话中很简单地对病人进行催眠、诱导。他自己还开发了一套细腻的谈话技巧，堪称艺术。

据埃里克森博士说，他在17岁的时候，因为患病而全身麻痹，卧床不起。在乏味的病床生活中，他开始观察自己的家人，从而发现了不被人熟知的“语言的另一面”。

比如，一个人一边拉松领带结，一边说“屋里是不是有点热啊”，如果对方注意到了这一细节，便会站起身来说:“我稍微开一下窗子吧。”

同样，一个人只需说一句“原来这个房间还开着窗子啊”，实际上就表达了“请把窗子关上”的意思。我们可以把这称为“关上窗子”的催眠术，也就是不向对方直接下命令，而发出让对方自愿行动的暗示。这就是埃里克森博士的诱导法。

在日常生活中，上述情景和对话极为常见。在普通的对话、普通的行为里暗藏玄机，用以操控对方，使之按照自己的希望行动，这就是现代催眠，也是心灵魔术师经常使用的催眠方法。

该催眠方法的要点在于，提高对方的被暗示性。也就是说，要让对方处于容易被催眠、暗示的状态下。

这并不是件特别困难的事。比如，在日常生活中，我们都觉得和自己建立了信赖关系的人所说的话特别有说服力。这种“觉得对方的话有说服力”的状态就是较高的被暗示性。在前文我们说过，每时每刻都是见证奇迹的时刻，也就是说，心灵魔术与自由操纵术，其实就在我们的身边。

在平时进行心灵魔术的表演时，在“导入”环节，我会让观众对我产生兴趣，以便缩短我们之间的距离，从而令对方产生亲近感，这也是提高对方被暗示可能性的有效方法。

暗示的最佳时机被称为“弱拍”，即对方放松警惕的瞬间，如开会前的闲谈，说些没什么重点的家常话等。另外，在谈话速度上也有讲究，一开始快速说出概要，如果对方被带入对话中，再慢慢推动话题，这样的谈话速度可以方便对方接受暗示。

以上就是构成自由操纵术的“观察”与“操作”。

看到这里，你是不是很想实践一下呢？对自由操纵术的理论说明就到此为止吧。接下来，我们将简单地介绍一下自由操纵术的操作方法与实用技巧。

第二章 自由操纵人心基础篇——读心术

想必大家对“读心术”这个词一定不会觉得陌生。时下众多实用心理学、FBI 读心术、微表情读心术、微动作读心术、微反应读心术大受追捧，便是力证。而所有读心术的核心就在于观察。

前面我们已经说过，“观察”在自由操纵术中的地位是非常重要的，而最佳的观察时机是在和观察对象面对面的时候。

下面就让我们开始解说“观察”的要点和方法吧。

观察对方的衣物：一个人的“另一个自己”

据研究，人类天生有一种倾向，即仅根据他人的外表、手头的情报，以及大脑中的联想对事物下定论。

心理学中经常使用一种手法，叫“启发法”，简单地说，就是“靠经验”，用外表或他人马上就能明白的简单信息建立基准，从而让事情依照自己的意愿发展下去。

人们会在无意识中根据一个人的外表产生自然反应。比如，人们看到戴眼镜的人，就会认为这个人“很认真”；面对动作幅度大、声调高的人，就会觉得他们“很自信”；染了一头金发的人一般被认为“爱时髦”或“叛逆”。

同时，每个人也知道其他所有人都能了解“我究竟是一个怎样的人”。因为你穿的衣服、身上带的东西都显示出你希望别人“这么想我”“这么看我”，它们都表达了你对这个世界的认知态度。

当你看到一个人的时候，就算一句话也不说，你能掌握的情况就已经多得超乎想象了。

为了理解上面这句话，我们可以通过一个比较容易理解的例子来说明。你如何判断眼前的人结没结婚呢？如果他穿了西服，那么衬衫有上过浆，有熨过吗？他的皮鞋擦了吗？如果这些答案全都是“Yes”，那么眼前这个人很可能已经结婚，并可以推测出他有一位贤惠的太太。

观察一个人时，你可以通过以下几个问题了解他：这个人的体型怎么样？是那种经常跑步、善于调整身体状态的锻炼型，还是那种喜欢大吃大喝的放纵型呢？他晒黑的皮肤是因为打高尔夫吗？此时正值下班时间，他穿了牛仔裤，很可能是因为公司环境比较自由，或者他是从事那种上班穿制服，下班穿便服的工作；如果这个人是位女性，那么她有时间和财力修剪指甲、染发，并且每天化妆吗？她说的是标准普通话吗？

在表演的时候，我经常会请观众拿出他们的私人物品，这时正是观察的好机会。

记载了众多信息的记事本和手机可以说是一个人的“另一个自己”。因此，在这些东西上应该可以体现出一个人的各种性格。

面前这个人的记事本是什么颜色的？是什么类型的？有些女性会使用黑色外皮、看起来很男性化的记事本，这说明她应该是那种有志成为职业女性的人。另外，还可以注意一下记事本的使用频率，以及手册上记载事项的数量。

身边带着许多明亮、多彩的小装饰的人，有着希望自己能显得开朗活泼的愿望；在随身物品上贴着“爱因斯坦博士”小贴纸的人，其心里说不定怀着欲望和憧憬，希望自己也能成为天才。

还有手机链和钥匙链，上面是挂着本人喜欢的卡通人物，还是挂着别人赠送的饰品呢？如果仔细观察，就会发现这其中都隐藏着很多秘密。尽管不能断言“他（她）就是这种人”，但是完全能作为把他（她）归入某种类型的参考要素。

观察对方的嘴巴：嘴巴比眼睛更容易懂

在观察了对方的整体形象和随身物品后，请把目光移到对方的脸上，看看他们的表情。

俗话说“人的眼睛会说话”，关于眼睛的伟大之处，我准备在后面的章节中进行详细介绍。在这里，我想先请大家把视线集中在很容易就能进行观察的嘴巴上。

实际上，就算对方一句话也不说，嘴巴也已经“滔滔不绝”地把他（她）的想法告诉你了。

首先，请先确认对方嘴巴周围肌肉的紧张程度。这样你就可以了解到他（她）是如何看待你刚才说的话的，对你是否产生好印象。由于嘴巴附近的肌肉运动起来不像眼睛附近的肌肉那么细微，所以即便是初学者也能比较容易进行观察。

如果你正在公交车或餐馆里读这本书，那么请你放下书本，先观察一下周围的人。

如果一个人真的对对方说的话感兴趣，觉得话题很有趣、被吸引的时候，嘴角的肌肉会自然放松，嘴巴微微张开，有时还会露出牙齿。（如图 3 所示）就算一个人独处时，只要处于放松状态，嘴巴也不会闭得很紧。

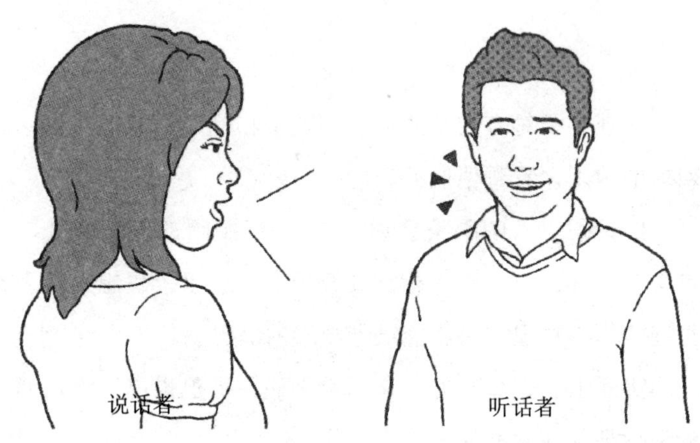

图 3

相反地，如果对对方说的话不感兴趣，甚至厌烦，有不安、紧张、无法赞同等负面情绪时，人的嘴巴就会紧紧闭上，这就是拒绝对方传递的信息的表现。（如图 4 所示）

不安或不满的感情达到顶峰时，嘴唇会向内收。有时是上唇，有时是下唇，还有的人会把双唇都隐藏起来。在这种情况下，表示这个人什么也不想说。再加上抱起双臂、闭上眼睛等动作，就构成了“我完全不同意你的话”的身体语言，这是一种无声的表达。

图 4

不管怎么说，如果对方闭上双唇的时间较长，那么聪明的做法就是把话题交给对方，或者干脆换个话题吧。

看穿对方的笑容：真笑？假笑？轻蔑的笑？

除了嘴巴，能在一瞬间判断出对方想法的就是笑容。

在心理学中，人类的基本表情可以分为以下七种：

愤怒、悲伤、轻蔑、幸福、恐怖、惊讶、厌恶。

其中，负面情感占据绝大多数，而正面情感只有“幸福”一种。人类用以表达正面情感的手段只有笑容，而人类的笑容分为三种：真实的笑、假装的笑和轻蔑的笑。（如图 5 所示）

真实的笑

假装的笑

轻蔑的笑

图 5

仅仅通过分辨对方的笑容属于哪一种，就能了解对方是什么样的人，这也是件很有趣的事情。

人们真正开心、幸福地笑时，其上眼皮会下垂，眼睛会眯成一条线，眼角会出现褶皱。这主要是由于眼周的肌肉正在运动，只要不是发自内心的笑，就无法在眼角故意做出褶皱。人们微笑时，面颊的肌肉会大幅上提，上提的范围延伸至眼角附近，嘴角和眼角之间的距离会缩短。

与此相对，在那种看起来好像面具似的笑容，也就是“假装的笑”中，即便面颊的肌肉往上提，范围也不会延伸到眼角，眼角也不会出现褶皱。如果笑容不是自然产生的，就无法使肌肉运动起来。

另外，在笑容持续的时间上也有不同，真正的笑会比假装的笑持续的时间更长。它不会一下子消失，而会在脸上留下残存的表情，并逐渐消退。不过据说，如果同样的笑容在脸上停留 4 秒以上，也有可能是假装的，这也是我们需要注意的细微之处。

最后来说轻蔑的笑。轻蔑的笑一般在打算欺骗别人、心中有所企图，或者想说谎的时候出现。

它的特征是，只在面颊的一侧出现褶皱，嘴角只有一侧扬起，只用一只眼睛笑，左右表情不对称。此外，不对称的并不只有脸，身体的动作也会不对称。

真正的笑能增强你的力量，有时会令你安心，让你感到幸福；但假装的笑也不一定完全是坏事。当然，如果你的朋友、家人或恋人对你露出假装的笑，可能会令你感到不快。但是在职场或和邻居交往时，有笑容和没有笑容的效果是很不一样的。为了让人际关系或事情进行得更加顺利，就算是假装的笑，有时也是不可或缺的。

只不过，如果对方向你露出了第三种，也就是轻蔑的笑，那么即便他（她）一直在对你说着好消息，心里也可能另有企图，还是注意一下比较好。

观察对方的行为：态度究竟是好还是坏

人类的行为举止完全遵照大脑的指令。因此，如果有人说对你刚才讲的话很感兴趣，但身体却不由自主地靠向椅背，手上还在摆弄饮料吸管，那么还是不要相信他（她）的话比较好。

如果一个人对你谈论的事感兴趣，首先，他会把身体前倾，呈现出开放状态，然后点头微笑。在身体动作中，纵向的动作较多。（如图 6 所示）

如果对方对你说的话不感兴趣，觉得没什么意思，感到厌烦时，其身体则会靠向椅背，像猫一样弯身弓背。（如图 7 所示）人类在没有情绪和干劲的时候，肩膀会下垂，因此，在初次与人见面时，可以注意对方肩部的线条，这也是观察对方的标准之一。

图 6

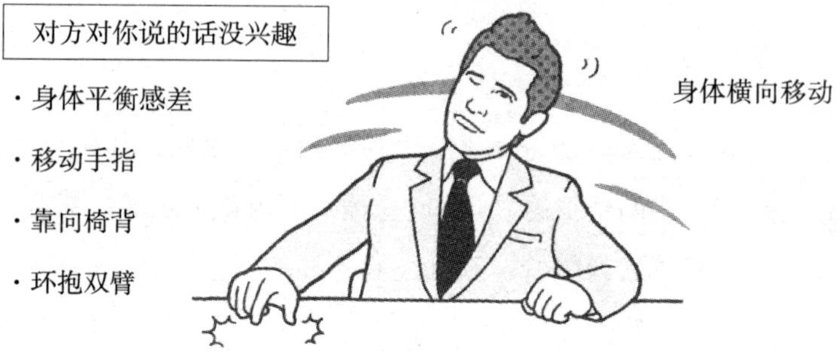

对方对你说的话没兴趣

· 身体平衡感差
· 移动手指
· 靠向椅背
· 环抱双臂

身体横向移动

图 7

一个人的态度是好是坏，从肩膀的高度就可以判断出来。如果对方感觉厌烦，他就会弯腰弓背、肩膀下垂，此时会露出身后的景物。这些都是对方肩膀位置不断下垂的空间证据。

此外，环抱双臂、手指开始弹点，身体朝左或朝右倾斜，这些都是“没兴趣”“没干劲”的标志。

不过，当对方向你打开心扉的时候，姿势也会出现放松状态。例如，某位女性倾心于你的瞬间，紧紧合拢的双腿会突然松动。但值得注意的是，在这种情况下，如果对方姿势放松的倾向是朝向你，那么你就是他（她）中意的对象；反之，没兴趣或觉得无聊时，姿势松缓的倾向则是远离你。

当和伟大的人物或高层领导见面时，人会感到紧张，后背的肌肉会绷紧……此时，人的肩膀会向内缩，这可以通过衬衣或西装的褶皱的方向进行判断。

另外，歪脑袋的动作表示对方在讨你的欢心。你应该见过有的人在看动物和小孩时，会歪着脑袋说“好可爱啊”的情景吧，两者的道理基本相同。但是，如果有人正歪着脑袋看你，却突然挺直脖子，那你就要注意了，这说明对方心里突然出现混乱，有事想问你，或是想到了无法理解的事等。

小练习

练就心灵魔术师才具备的“观察力”

读肌术

本部分内容请参照随书附赠的 DVD 中的“读肌术”视频内容。

现在，让我们开始练习吧。

首先是了解在 DVD 中介绍过的“读肌术”，即在表演中通过观察对方的肌肉，了解对方想法的方法。请先找到一位搭档，两人一组进行练习。

在 DVD 中，我使用的是赤铁矿天然石，不过，只要是小的物品，用什么都可以。让你的搭档把这个小物品握在手里，左手或右手都可以，然后由你来分辨它在哪只手里。这项练习主要锻炼的是，只有心灵魔术师才具备的“观察力”和通过观察肌肉读取对方想法的“读肌力”。

下面开始进行实际操作。

请让你的搭档把双手放在背后（如图 8 所示），将小物品握在左手或右手中，然后请他（她）将双臂向前方举起伸直。

请你先用直觉判定物品在哪只手里，然后这样对你的搭档说：

“我知道了。通过直觉，我认为东西在你的右手里（如果你觉得是左手，就说左手）……”

此时，千万不要放过搭档脸上出现的极其细小微妙的表情。

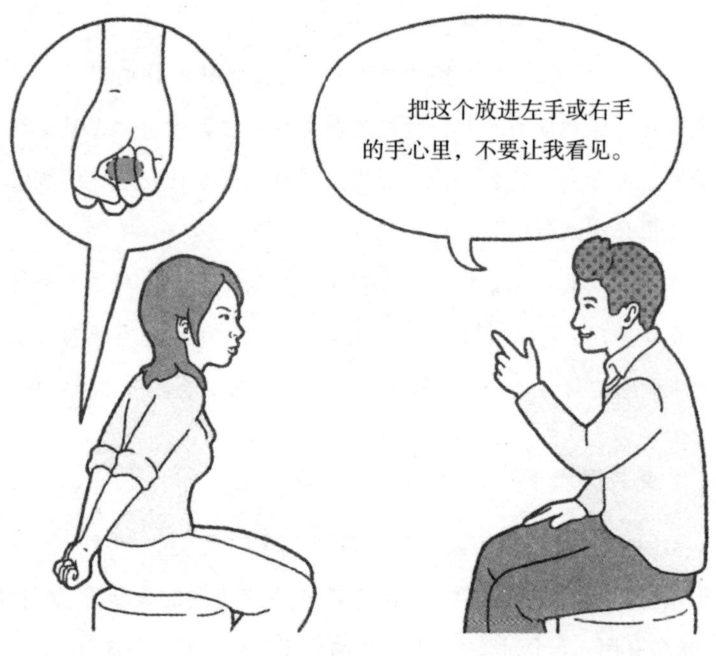

图 8

如果对方出现了“哎？”“这家伙搞错了”的表情，那么就一边触摸他（她）的另一只手一边继续说：

“不过，从你的肌肉摸起来的感觉看，还是在这只手里吧。”

对方的神色怎么样？看起来动摇了吗？还是完全不动声色呢？如果对方一直保持冷静，就先无视他（她）的反应，继续进行。

接下来一边对搭档说“请注意看着我的眼睛”，一边上下左右地移动对方握起来的两个拳头。此外，你还能用下面的话对搭档进行进一步诱导。

“有人觉得这么触摸你的手腕或者上下挪动你的双手，是在靠什么通灵能力和超能力在猜测你的想法，但实际上我是靠观察肌肉读出你的想法的。所以，请注意不要让我从你的肌肉上看出什么来哦！”

听你这么一说，搭档多少都会有些紧张，觉得“是不是被你发现了什么”。这时，他们会接收到一个信息“他是靠观察肌肉来判断的”，于是没有握着东西的那只手应该会稍许用力一些。

◆关键点 1

用力握着东西的人，其血液流动会产生变化。从食指到小指的四个手指的第二关节到第三关节之间的表皮会变白。（如图 9 所示）因此，东西握在那只手里的可能性比较高。

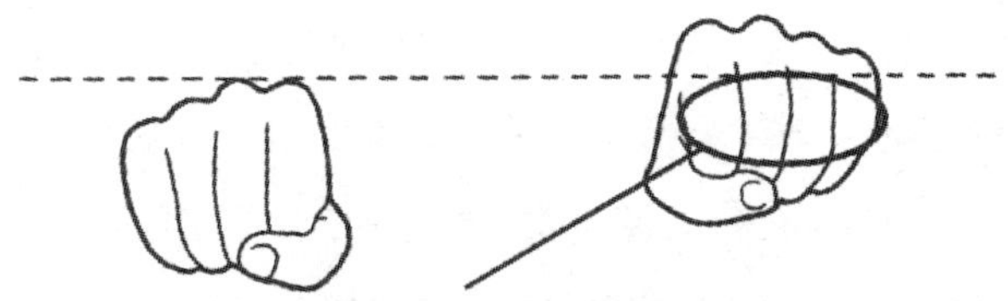

因为用力，所以这里会微微发白

图 9

◆关键点 2

如果手中握有物品，并用了力，那么那只手的手腕会有一点点抬高，拳头的位置也会提高。这是因为他们觉得如果另一只手的分量显得比较重的话，会骗到你，所以无意识地抬高握着东西的那只手。因此物品一般在位置比较高的那只手里。

◆关键点 3

请看一下自己的手腕内侧。如果手指有动作，手腕内侧的肌肉也会有动作。明白了吗？如果手里握着东西，手腕内侧肌肉就会拉紧，因此手腕会产生角度，而拳头无论如何都会被手腕的肌肉拉过去。所以从正面看过去时，两只手中有一只手的手背露出来的面积没有手指部分露出来的多，则这只手握着东西的概率较大。

◆关键点 4

手心里有东西的那只手会注入力量，肌肉会紧张。当你用两只手握住搭档的两个手腕或两个拳头时，可以一边说“我要把你的两只手分开一下”，一边拉大两手间的距离。这时，手心里没有东西的那只手的反应会比较轻快，有东西的那只手会因为注入了力量，反应比较僵硬。比较两只手肌肉的硬度也是一种检验手法。

◆关键点 5

你也可以在自己的手上做实验。因为握着东西的手的肌腱会收紧，所以触碰手腕内侧时，会感到肌肉是紧绷的。（如图 10 所示）请用你的中指轻触对方伸出来的手腕，确认一下。肌肉发硬就是握着东西，柔软则没有握东西。只要熟练掌握触碰技巧，你就可以找出握着东西的那只手。

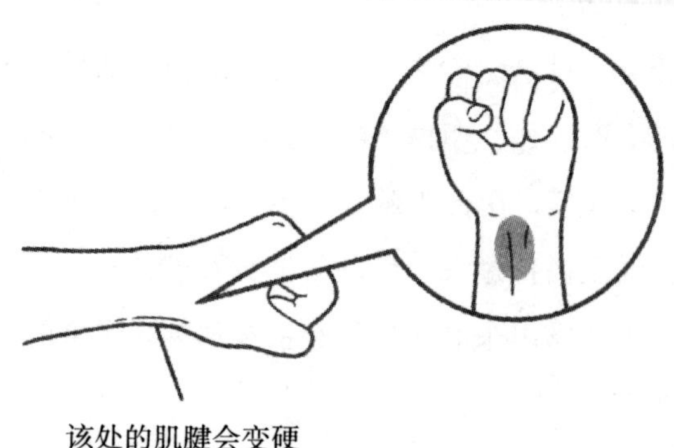

图 10

小练习

深入运用“读肌术”

在前面的练习中，我也曾提到，在心灵魔术与自由操纵术中运用的不是“读唇术”，而是“读肌术”。因为心情的变化会反映在身体上，因此，读肌术是指握住对方的肩膀或稍微碰触对方的身体，分析对方心情的方法。

在本练习中，我将进一步介绍在熟练掌握读肌术后，如何将其应用在日常生活中的多个方面。

说谎的人会特别注意“绝对不能暴露”，并会在身体和肩膀处增加力量，只要一触摸，你马上就能知道。这一状态和催眠十分相似。说谎的人会反复对自己说“绝对不能暴露哦，别乱动”，于是肌肉会变得十分僵硬。

在本练习中，我将向大家介绍两种练习方法。

第一种是把练习对象带到一个方方正正的四边形房间中，请他（她）在心里锁定房间的一角，之后，拉着练习对象的手在房间里走上一圈，在这个过程中猜出对方心里锁定的是哪个位置。（如图 11 所示）

图 11

初次练习时，你可以先让练习对象注视四方形空间，并请他（她）选定一个角落，同时把这个角落牢牢记在心中；

然后，拉住对方的手腕，在房间里绕圈行走。这样做，有点像以前流行的占卜杖（Dowsing Rod）。

最后，一边在房间里绕圈走，一边对对方进行语言上的诱导。

“请不要说话，在脑子里锁定一个角落，并把这个角落的影像传递给我”，或者“如果我走到别的地方，请在脑子里告诉我‘错了，错了’”。

尽管反应的强烈度因人而异，但是当走到错误的角落时，一般人的手臂和步伐都会变得比较沉重。而朝向正确位置转过去的时候，脚步会一下子轻快起来，与其说是你领着他（她）前进，倒不如说是他（她）自己朝着那个角落走过去，这样你就会知道他（她）所选择的角落究竟在哪里了。

略微熟练后，你就可以不用接触对方的身体，只用一根棒子就可以间接感受到对方肌肉的变化。彻底熟练后，你就可以达到“非接触式读心（No Contact Mind Reading）”的阶段，即完全不用接触对方，只需要边走边观察对方的表情和身体动作就能解读其想法。

即便无法进行“非接触式读心”，能发现“人的肌肉将会随着内心感情的变动而产生多大的变化”也是非常有趣的。这个练习能让你实际感受到肌肉用力的情况和心境变化间的联系，请一定要尝试一下。

或许，你也可以。

请拿出两件随身物品，比如，手机和钥匙这样的小东西，把它们放在桌面上，对坐在对面的对象说，“请不要说出来，在心里强烈地认定其中的一件”。

然后，请对方伸出一只手来，轻轻握住他（她）的手腕，把物品逐个在手腕上方缓慢地晃动，一边晃动一边对对方说“放松手腕，如果我选定的是对的，请在心里大声说‘是这个’；如果我选错了，请在脑子里强烈地反对说‘不是这个’，但是绝对不要说出来。”（如图 12 所示）

图 12

这时，“强烈”这个词实际上是在暗示对方用力。对于一般人来说，即便有人对你说“要强烈地认定”，但因为不知道怎么做才算“强烈”，就会不知不觉地反映在身体上。就像前面在房间选角落的练习一样，一旦走错了，人的肌肉就会僵硬，此时，如果按压肌肉，“错了”的思想就会在肌肉上施加力量；一旦朝着正确的方向走去，人们的肌肉就会放松下来。如果你能感受到两者之间的不同，就能明白对方的心思。

观察对方的眼神：了解对方的空间配置习惯

在观察人时，最重要的还是观察他（她）的眼神。在进行对话时，有的人会直视对方的眼睛，也有人完全不看对方，而是一直向下看。

人的身体纵向线条较长，因此，如果对方对你本人或对你说的话感兴趣，那么他的视线就会从你的头部至胸部上下移动。（如图 13 所示）如果对方对你或对你说的话不感兴趣时，那么他的视线就会离开你，左右移动。（如图 14 所示）

有的人发现恋人的视线左右移动，如果顺着她（他）的目光看，就会发现那边站着英俊的男性或美丽的女性，然后就会发生争执。尽管这不是什么令人愉快的经历，但这却说明人的视线是绝不会说谎的。

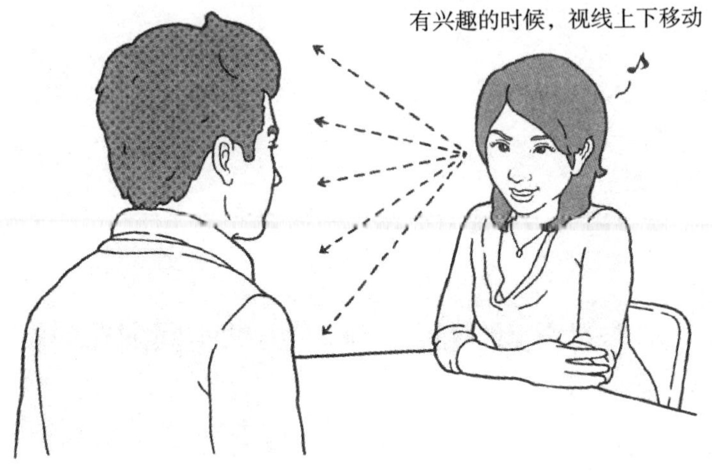

图 13

图 14

事实上，人们会把自己的思想和感情分配到不同的空间中。人们在思考时，看起来是在大脑中思考，但实际上是把思考的事物分配到不同的空间内，“好事放这边，坏事放那边”。因此，当人们想起某件事时，会在一瞬间朝放这件事情的那个方向望去。

比如，我会把“好事”放在左前方 1 米左右的地方，“坏事”放在右侧腰部稍微靠前一点的地方。一般来说，人们都倾向于把梦想和目标放在较远的地方，而把坏事放在较近的地方。

请在脑中想一件悲伤的事情。这时，你应该会看向一个地方，开始进行“在那里捡拾记忆”的工作；接下来，请回忆一件快乐的事。当然，请不要故意往同一个地方看。你有没有注意到，“悲伤”和“快乐”的位置有些不同呢？对于那些自我认识度比较高的人来说，会略微注意到自己平常都是看着空间中的某个点来回忆事情的。

所以，如果能发现对方分配空间的原则，就有可能控制对方对事物的好恶了。如果对方是那种想起好事就“朝右边看”的人，就意味着他（她）“比较容易对放在右边的东西产生好感”。

因此，在这种人面前，你可以把自己想推荐的东西，如自己的企划书等，放在对方的右手边，把自己不想推荐的东西，如竞争公司的资料放在对方“放坏事”的那个位置上。

这样就可以让自己的企划案占上风。

如果这个人把“可怕的事”放在自己左下方的位置时，那么你要怎么利用这一点呢？你只需坐在他（她）的左边与他（她）谈话，就可以给他（她）造成威慑感。

只不过，要想知道对方如何配置自己的空间，除了观察对方的眼神外别无他法。因为并不是每个人都会有意对空间进行配置，所以即便问了也不一定有用。

有一种被称为 NLP，即神经语言程序学的神经语言程序正在研究人类视线的移动规律，市面上也有很多相关的书籍。这些研究认为，人们把记忆安排在左上方，把想象安排在右上方，但那只不过是通过统计得出的数据。在实际思考问题的时候，既有人往上看进行回忆，也有人一直盯着下面才能想起事情，因为人的喜好是不同的。

由于不能依靠统计数据，所以要根据面前的人的特点，问一些恰当的问题，通过观察对方的目光来了解对方的空间配置习惯，进而确认他（她）的癖好和行为模式。当然，前提是你应该先了解自己，先把握自己的配置原则，这样才能更容易地发现他人的习惯。

具体如何提问，最简单的例子是，你可以问对方“昨天晚上吃了什么？”这对于对方来说是过去的事，询问这个问题就是在对已经发生过的事，即“事实”进行询问。听见这句话就往右上方看的人，通常把“事实”置于右上角。

接着再问“明天想吃点什么呢？”这是关于“未来”的事情。询问这个问题就是在对将来要做的事，即“想象”进行询问。听到这个问题就往左边看的人，那里就是他放置“想象”的地方。（如图 15 所示）

图 15

你可以先用上面这两个问题确认对方视线移动的不同之处，然后再问关于“好事”“坏事”的问题，这样效果会更好。

八招快速识破谎言：一举一动都在对你坦白

声音探测术

本部分内容请参照 DVD 中的“声音探测术”一节。

谎言，如果能把它看穿，那么各种事情都会变得简单，难道不是吗？还是说，你觉得看穿了别人的谎言，麻烦反而增多了，所以还是不知道的好？当然，每个人都有自己的苦衷，我们不能把自己的想法强加于人。这里，我想向那些认为知道真相比较好的人介绍如何从心灵魔术与自由操纵术的角度看穿他人的谎言。

遗憾的是，并没有某种典型的表情是那些说谎的人都会展露出来的，同样，也没有一款“说谎时肯定会做”的典型动作。心理学上认为，人们在说谎的时候会看向自己的右上方，而看向左上方时是在说真话。但这也不过是根据统计数字得来的结果，并不一定符合你或你身边的人的实际情况。

在本书赠送的 DVD 中，有一段关于“声音探测术”的介绍。其内容是，首先请参加表演的人拿出自己的物品，然后我再根据声音的变化，猜出这些物品是属于谁的。在演示中，我会对所有参加的人问一个非常简单的问题。

“这件东西是你的吗？”

无论是不是，参加者都要说“不是我的”。

正如它的名字“声音探测术”一样，这个表演是靠对方的声音来分辨真假的。当然，参加表演的人都会想“绝对不能让声音暴露感情，一定要平静、平静”，然后拼命保持声音的平稳。我也是通过无数次的训练，才能听出声音中微妙的变化，如音调的高低、声音的节奏。

一般情况下，人如果想隐瞒某些事情，会变得特别健谈，一旦说了谎话，就会慌慌张张地镇定不下来，并做出一些和平常不一样的举动。这种现象被称为“用动作和行为来逃避事实”。这里，我将向大家介绍一些从对方的身体动作和姿势上看穿谎言，让自己不受欺骗的方法。

◆关键点 1：视线接触的时间

人在说谎的时候，都会觉得惭愧。这种惭愧的心情，会使人们做出“与平时不一样的举动”。也就是说，有必要知道这个人“平常”的样子。

都说人只要一说谎，就会不由自主地移开视线，不敢直视对方的眼睛，然而事实真的是这样吗？

有的人为了不让自己的谎言被揭穿，反而会直视对方的目光，而且视线接触的时间比平时还要长。特别是女性，更有这方面的倾向。（如图 16 所示）当然，如果平时就注意某位女性与人进行视线接触的时间长短，就可以帮助你更有效地做出判断。但是，如果你已经开始觉得“她看着我的时间好像有点长啊”，那么，她说谎的可能性就比较高。

图 16

另外，男性比女性胆小。一般男性在说谎时尽管也看着对方的眼睛，但目光却经常是向下的，或看向其他的地方，游移不定，然后再慌慌张张地看回来。

◆关键点 2：抱手臂、跷二郎腿

抱手臂和跷二郎腿是传达拒绝或防御的信息。特别是环抱手臂这个动作，是人在“受到威胁”时自然产生的自我防卫反应。（如图 17 所示）还有人害怕自己的手势会暴露内心，于是将双手插入口袋中来阻止手部运动。如果对方无意识地采取了上述动作，则表示他（她）正在启动防卫意识。

图 17

◆关键点 3：过度的“自我触碰”

在谈话中，如果对方自我触碰的次数突然增多，就表明他有可能在说谎。

比如，不想让人看到嘴巴的动作而伸手触碰口鼻，或者为了挪动视线，或者是因为心里不安而冷静不下来，不停擦眼角，摸鼻子和下巴，在自己的脸上摸来摸去或抓头发等。（如图 18 所示）

图 18

尽管人在放松的时候也会摸自己的脸，但说谎时，人们会一直触碰脸上的一个地方，如一直用手指揉搓嘴角等。

◆关键点 4：语言逻辑混乱

本来只需用“Yes”或者“No”就可以简单回答的问题，却用质问来回击你的问题。也就是说，如果人的内心发生了动摇，在其语言的逻辑上也会有所反映。

◆关键点 5：言行不一致

尽管嘴上说了“Yes”，但头部却左右摆动，或者口中大声说着“我怎么可能搞外遇呢”，而腰部却在移动，这就叫言行不一致，因为说谎的人无法做出饱含自信的动作。

◆关键点 6：不要忽略“一瞬间”的放松

“我说了谎，但是估计他没发现。”人在这么想的时候，都会感到松了口气。在这一瞬间，不要放过他（她）脸上出现的细微表情，这是了解对方是否说谎的一大关键。

在表演中，心灵魔术师会运用一些手法给对方施加压力，以动摇其内心。比如，抓住对方的肩膀朝自己的方向拉，或者凝视对方的眼睛不说话。但是，在这里我要分析的是压力消失后对方的表情。

比如，当你追问“你说谎了吧”的时候，如果对方一边说着“才没有……”，一边摸自己的脸或身体的某一个部分，就表明他在说谎。然后，请你装作相信他的样子，对他（她）说“这样啊，我搞错了”或者“哎呀，是这么回事啊，对不起”。如果对方瞬间露出了心安的表情，那么他（她）的心里多半正在想“幸好，我的谎话并没被他发现”。（如图 19、图 20 所示）

还有一种更加容易判断的情况。即对方嘴里说“哪里哪里，你能明白就好”，手却不去触碰自己的脸或身体，这说明对方已经是说谎老手了。

图 19

图 20

◆关键点 7：谎言与笑容和动作的关系

人在说谎的时候，同时露出笑容的情况是非常常见的。

比如，“你觉得我像是那种会说谎的人吗？”这么说的时候，他的脸上肯定带着笑。

当然，也有人会故意做出发怒的神情，但多半会伴随着“别逗我笑了”“少怀疑我”的潜台词，并不知不觉地露出笑容。还有人会加上一句“你真够傻的，太可笑了”，然后自己就笑起来了。

也有人为了避免面部表情过于僵硬进而抑制感情，摆出一张扑克脸（即喜怒不形于色），但这和用笑容进行伪装的目的是一样的。真正生气的人应该不会采取虚张声势的表情。嘴上说着生气的话，脸上却没有露出生气的表情，或者生气的表情比生气的话出现得晚，这些都是人在说谎时的表现。

一般来说，声音和动作、语言和表情都是同时变化的，只会在很短的一段时间内出现不一致的情况。如果说了谎，那么这些反应就会出现不协调的状况，如推迟，或提前。

在分析微表情时，要想对自己的表情进行控制，人们需要花上 0.4 秒的时间。也就是说，在极短的一个瞬间，人类是无法控制自己的表情的，所以这个瞬间是辨别他们真实想法的最佳时机。当然，科学地说，我们不可能在 0.4 秒的时间内进行表情分析，只有 FBI 等机构会将审讯录像以 0.1 秒为单位分隔开，在进行表情分析时，才能用得上。但如果长时间进行观察训练，说不定我们也能在别人假装笑或假装生气时抓住他（她）“真正的表情”。

◆关键点 8：从不经意的动作中看出谎言的影子

像探出舌尖这样的动作，就是谎言得逞后会有的行为。有些动作极其细微，说谎的人很可能自己都注意不到。如舔上唇，或者虽然不舔嘴唇，但是为了缓解嘴巴的干燥，而把舌尖探出嘴唇外等。如果眼前正好有杯饮料，有的人还会拿起来喝。上述行为中不管出现的是哪一种，都是人们觉得自己谎言得逞后心安的表现。

制作观察记录卡：深度分析的依据

在前面的内容中，我介绍了一些通过观察来刺探对方心理的方法，大家觉得怎么样呢？在本章最后的观察练习中，希望大家能实际观察某人的感情习惯，制成可在生活中实际应用的观察记录卡。当然，把对自己的观察做成记录卡，客观地对自己进行分析也是非常有效的。

在制作记录卡时，我建议大家把基本的编制要素分为“好事”“坏事”“事实”“空想”四类。（如图 21 所示）把它们对比着写出来，这样就可以准确地得出自己或对方的真实想法。如“虽然他嘴上说感兴趣，但其实并不感兴趣，所以答案应该是‘No’”。

图 21

人们会把感情配置在立体空间内，如果能画出有远近空间感的立体示意图，就更有效果了。另外，如果能不局限于以上四类，增加观察对象身上更为细微的感情配置，以及他（她）的习惯，就能制作出更有深度的记录卡。

那么，具体应该如何询问观察对象呢？

首先，我要提醒大家，如果上来就抓住一个人，像审问般地问他许多问题，对方肯定会觉得奇怪甚至对你产生防备心理，所以还是先在家人或即便话说得直白也不会讨厌你的朋友身上进行练习，然后再找不太熟的人吧。

第一，判定好事位置的问题包括：

“最近有什么开心事吗？”

“喜欢的颜色/车/漫画/书/电影/国家/音乐是什么？”

“你们公司最好/最畅销的产品是什么？”

第二，判定坏事位置的问题包括：

“最近有什么让你垂头丧气的事吗？”

“竞争对手公司的缺点是什么？”

“在你的记忆中，最让你害怕的事是什么？”

第三，判定事实位置的问题包括：

“×× 的生日是什么时候？”

“这和去年相比提高了几个百分点？”

“你想去的那个国家最先进的领域是什么？”

第四，判定空想位置的问题包括：

“如果可以的话，你最想做什么？”

“如果这顿饭是人生中的最后一顿，你想吃什么？”

“如果能隐身，你会做什么？”

两种会话法，迅速将会话导向结论

“双重束缚”会话法

1956 年，英国研究学者格雷戈里·贝特森（Gregory Bateson）提出，如果家庭中的交流不顺畅，就会给孩子造成心理影响。而埃里克森博士把这一理论运用到了催眠疗法中，并称之为“双重束缚（Double bind）”会话法。“双重束缚”并没有消极的含义，只是迫使对方在两个选项中选择一个，所以请在希望对方尽快做出结论时使用。

要点在于：不要阐述愿望。

不要说：“您要买这个戒指吗？”而是说：“给您加个礼品包装呢？还是您自己戴？”

不要说：“什么时候能去您家拜访？”而是说：“明天我正好到您家附近，是 2 点去府上拜访好呢？还是 5 点好呢？”

不要说：“周末咱们要打扫房间啊！”而是说：“打算哪天打扫房间？周六还是周日？”

不要说：“请把这个复印 100 份。”而是说：“要 100 份复印件，今天就能拿到还是明天上午能拿到？”在有前提限制的条件下，给对方两个选项，完全不给对方说“No”的机会，这就是“双重束缚”会话法。

“增加选项”会话法

还有一种增加选项的会话法。比如，你不要说“我们约会吧”，而是说“去吃饭，还是去酒吧喝两杯？”如果对方回答“现在没时间啊……”就再加上一句“那就去喝个咖啡吧”。这样，对方的选项增加了，成功的可能性也就会随之增加。

第三章 自由操纵人心进阶篇——操纵术

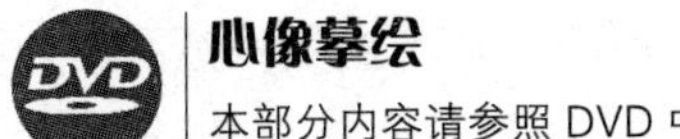

心像摹绘

本部分内容请参照 DVD 中的“心像摹绘”一节。

读心术的确算得上神秘、神奇，但大家如果稍加分析就会发现，时下流行的各色“读心术”，本质上只是客观分析或者事后解读，还仅仅停留在认识与分析层面。倘若只掌握读心术，能读懂人心，而不能在此基础上进一步采取相应的行动，就很难说读心术创造了何种价值。简而言之，若止于读心术，而没有进一步的动作，便不能实际解决问题，帮助人达到某种具体的目的。从这个意义上讲，这样的读心术便是没有任何用处的。

人们身上穿的衣服、带的物品、说话的表情和行动，都是自己向外界做出的宣言，如“我是这样的人”“现在我的心情是这样的”。不过，因为长期使用同样的方式表达，使得这种表达方式渐渐地变成了无意识的行为。心灵魔术师能通过敏锐的观察力，捕捉到对方发出的信息，并在对方没有意识到之前操纵其心理。

当然，与读心术和观察的无声一样，这里的操纵术的使用过程同样也是无声的。在对方无意识的状态下进行，是自由操纵术的原则，也是其得以成功的前提与关键。

看了本书所附 DVD 中的“心像摹绘”一节，大家就会明白这一点。在表演中，作为我搭档的女性看到我和她在同一时间内画出的图案竟然一模一样时非常惊讶，她不可思议地问我："为什么你会知道我画了这个图案呢？"

准确地说，我并不是"知道"她要画什么，而是我"让她"画了那个图案。

尽管"让""使"这样的字眼蕴含着强迫的意味，但如果我是让对方无意识地接受了暗示，让他（她）认为这是自己的"考虑""选择""决断"，他（她）就会对我"产生好感"。正是这种和"强迫"截然相反，甚至应该称为优雅的手法，使得心灵魔术在欧美被誉为一种"艺术"。

总体来说，诱导和操纵的手法有很多种。本书介绍给大家的手法都不难，比买来魔术道具自学魔术更加简单。因此，如果各位已经能够熟练使用其中的一种手法，一定要在此后的生活中继续学习更多的技巧，并尝试使用。当然，把这些技巧用在朋友间的表演上也是可以的。一旦应用在实际生活中，一定会产生魔法般的效果。

那么，就让我们早点开始介绍既具体又简单的操纵术吧。

巧用妙手：控制对方的思想

在身体的众多器官中，使用最频繁、最灵活、最方便的就是手了。手可以用来隐藏物品，可以用触摸的方式对物品进行强调，也可以打响指引起他人的注意……

用手强调特定物品

由于使用的是身体的一部分，因此使用手来诱导对方，最不可能引起对方的怀疑。

比如，你是一名销售人员，要向一位老顾客介绍 A、B 两份企划书。企划书 A 是你特别想推荐的，而企划书 B 的内容虽然和 A 的内容相差不多，但并不是你想实行的。你像往常一样对两份企划书分别进行了说明，和顾客相谈甚欢。不过，在刚才的对话里，你发现顾客对两份企划书都很有兴趣。这个时候，你的机会就来了。

在商谈的最后，请你望着顾客的眼睛说：“请问您对哪份企划书有兴趣呢？”在问这句话的时候，请你把一直放在桌上翻企划书给顾客看的那只手先撤回来，然后再放回桌上，轻轻触碰你想推荐的那份企划书。（如图 22 所示）

图 22

你所要做的事，只有这一件。

这样一来，顾客的视线就会自然而然地被吸引到你想推荐的企划书 A 上。

人们都有一个共同的愿望：想由自己来做选择，想自己控制局面。因此，就算别人进行了各种说明，甚至哭着恳求，但如果不是依照自己的想法来选择，人们就不会得到满足。以上手法就是反过来利用这种心理。尽管一开始，你可能觉得心惊胆战，但是经过反复练习，你就能在注视对方双眼的情况下自然地抓住触摸目标物的时机。

用手遮住对方视线

人类会在无意识中被出现在视野里的物体展现出来的信息所左右。请看图 23，假设你面前有 3 份旅行计划。旅行社的人已经就这 3 份计划向你进行了说明。

“这次夏季休假旅行，您看中哪一份计划了呢？”

旅行社的销售员一边问，一边再次向你展示 3 份计划书。

在这 3 份计划书中，你能看到整个封面的只有 B 计划，其余 2 份计划书都被销售员两手投下的阴影遮住了。

最后你选择的是中间的 B 计划书。

如果我说“其实你完全是按照销售员的想法选的 B 计划”，你会觉得惊讶吗？人们通常会对能看到全貌的物体产生好印象。如果某件物品被阴影遮住，或者被别的东西压住了，那么人们的大脑就会根据眼睛看到的情况，擅自判断“肯定有什么内情”，从而在无意识中对其产生不信任或不好的印象。

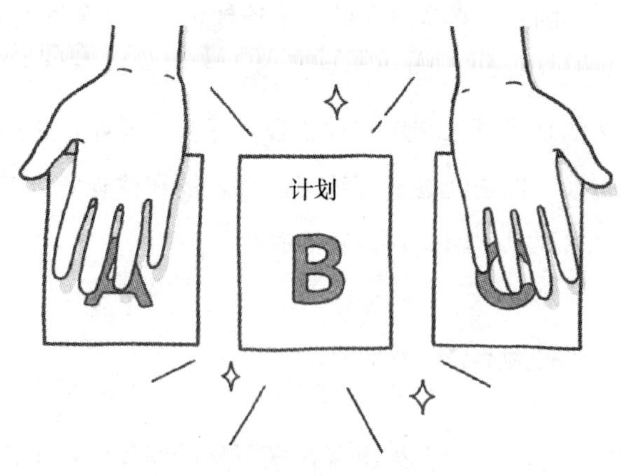

图 23

在你尚未意识到的时候，大脑就已经用惊人的速度，对许多事情做出了判断。你会在不经意中迅速避过停放在路边的摩托车，会在没有特意判断距离的情况下伸筷夹起喜欢的食物，也会准确地把食物放进嘴里而不是鼻子里。你之所以能够敏捷而灵活地行动，都要归功于你的大脑。

但另一方面，大脑也会犯下很多错误，其中就有对视觉的过度相信——大脑会被眼睛看到并确认的事物欺骗。利用这种特性，我们可以用最方便的工具——手来制造阴影，遮住面前的东西，使对方倾向于“不选择那个”，从而控制对方的思想。

用手在对方脑中埋下锚记

锚是用来固定船只的。本技巧正是基于某种条件，在对方的记忆中埋下锚记，从而操控对方的感情。听起来似乎很难，但是掌握后就很简单了。

大家一定都知道行为科学的先驱者巴甫洛夫·伊凡（Pavlov Ivan）曾进行过的“巴甫洛夫的狗”的实验吧？这是一个关于条件反射的实验。在狗吃食的时候亮红灯、摇铃，持续一段时间后，狗只要听到铃声就会流出唾液。在我父母家中有一只猫，就算不是喂食时间，只要拿着猫碗去走廊，它一看到就会刷地冲过来，在喂食的地点坐下来等待。也就是说，对于猫来说，在某个特定场所（走廊）“看到猫碗”这件事就是一个锚记，关联着“吃饭”这件好事。

想象一下，只要你拿着“碗”去走廊，上司就会喜不自禁地跑去特定场所坐着等……如果有这等事，你的人生就会产生天翻地覆的变化吧。尽管要做到这点还需要进行非常困难的诱导性操纵，但我接下来要介绍的手法却能让你在任何人的脑中埋下锚记，进而达到让对方产生条件反射的目的。

要埋下锚记，重要的是制造一定的行为模式。比如，在告知对方一件好事时，就“啪啪”轻拍两下手掌；而在通知一件坏事时，就用手向上撩起头发。

假设你出席小区居民会议，说到“今天天气真不错”的时候就轻拍两下手掌；听别人说“附近小区遭了贼”的时候就一边说“哎呀，真讨厌”，一边用手撩起头发。这样重复几次后，其他人的脑子里就会埋下一个锚记，认为你轻拍双手会出现好事，撩起头发会出现坏事。

寒暄后，开始讨论会议的议题。议题是“在某块空地上是筑个花坛好？还是浇上水泥盖个自行车场好呢？”你是“花坛赞成派”，于是，当说到花坛的时候，你就轻拍双手，当说到“自行车场怕是有点……”的时候，你就撩起头发。

这么一来，在场人们的大脑就会在无意识中被你植入“花坛好，自行车场坏”的印象。然后，在进行“为了小区发展”的投票表决时，估计花坛就会胜出吧。正如上述情景所展示的那样，这个手法不一定只适用于 1 对 1 的场合，也同样适用于多人参与的场合。

小练习

精神力量法：让对方选择你希望的物品

精神力量

本部分内容请参照随书附赠的 DVD 中的“精神力量”一节。

在这个练习中，你需要准备三件小物品，如手机、记事本、钱包等。

另外还需要准备三张便条纸，在每张纸上各自写上“你选了 XX(XX 分别对应以上三件物品中的一个，每张纸写一件)”。然后把三张纸叠小，使得叠起来的纸比较容易隐藏，接着把三张叠起来的纸藏在物品的中间，或者压在下面，使对方无法看到。

这项练习能让你一边品尝“做游戏”的乐趣，一边练习“操纵”的技巧。DVD 中所进行的“精神力量”表演的含义是“多个出口，多条道路”，这也正是占卜师和职业骗子口中所说的“使用抽象语言来提高信用度”的技巧。因为这个练习是用来练习诱导技术的，因此做了一些小手脚，使得对方不管选择哪一件物品，都能被你言中，所以可称为“无风险性操作”。

请对你的搭档这么说：

“请看这三件物品，然后再选出其中一件。但不管你选哪件，我都已经预测到了。”

如对方选择了“记事本”，那么就向他确认“选记事本对吧？不会变了吗？”确认好后，就对他（她）说，“请把记事本拿起来，然后打开看看，确认一下。”

这样，他（她）就会找到记事本里的纸，发现上面写着“你选了记事本”。

如果把它当作一项魔术表演，就可以演一出无论对方怎么选都“猜中”的好戏。但是这个表演的用意是让大家练习“如何让对方选中你希望他（她）选的东西”。因此请一边说“请在眼前的三样东西中……”，一边把对方的目光引导到你希望他（她）选的东西上，并用手遮住其他东西。

熟练练习后，还可以进一步对对方说“请闭上眼睛，用心来决定你要选哪样，选好了就不要变了”，然后一边说着“你选的是记事本吧”一边把手放在对方的手上……这样一来，对方的惊讶度更会大幅提升。

另外，不仅可以用手操作，还可以加上语言和声音，这样成功的可能性更大。

让对方选择你希望他（她）选择的物品，这样就可以展示你使用心灵魔术和自由操纵术的实力。因为这项技术不仅能用来玩，更能应用到商务场合。因此请好好练习，直到你能在日常生活中熟练使用为止。

掌控空间：控制对方的印象

缩短距离，提升亲密度

每个人都有心理上的“个人空间”，被称为“私人空间(Person Space)”。如果有人侵入这个空间，即使没有产生身体接触，人们也会觉得不舒服、不踏实，并产生不快的感觉。如果从“划地盘”这个角度考虑，不仅是人，大部分动物都有这个习性。

所以，只要观察两个人之间的距离，就可以预测出他们的关系。

从前，当我们看到曾是朋友的一对男女说话时靠得比以前更近了，就会意识到“那两个人开始谈恋爱了吧”。距离感就是这样直白地展现人们的关系与心的距离的。

美国文化人类学者爱德华·霍尔（Edward Hall）将“私人空间”进行了分类，请看图24。

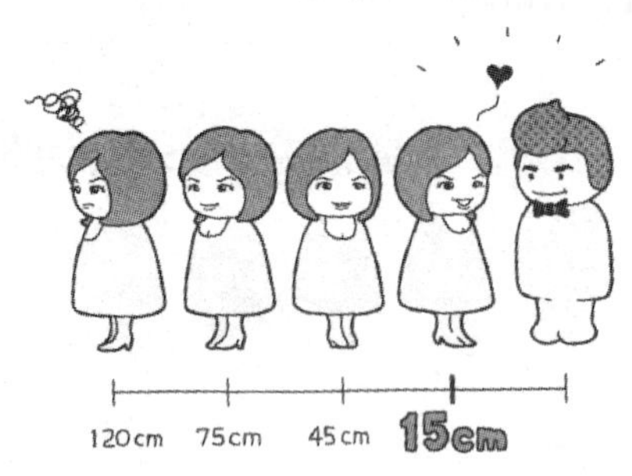

图24

75～120cm：双方面对面站立，互相伸直手臂，指尖相碰后的距离。这是彼此不太了解的人保持的距离；

45～75cm：这是能抓住对方的距离；

15～45cm：尽管头部、腰部和双脚不能轻易地触碰，但这是关系比较亲密的人进行对话时的距离；

0～15cm：两个人的关系非常亲密，可以在任何时候握手或有其他身体接触行为。

在表演心灵魔术和日常运用自由操纵术时，可参考以下数据：

0～45cm：亲密距离，能建立信任关系，你可以比较容易地进行暗示；

45～75cm：工作距离，对方可以接收到来自你的信息；

75 ～ 130cm：警戒距离，蕴含拒绝和防御的意思。

尽管“私人空间”被解释为“如果侵入则会引起不快的距离”，但反过来，也可以通过缩短物理上的距离，加深自己与他人的亲密度。

当然，鲁莽地靠近别人，会引起别人的警惕甚至反感。因此，如果对方是那种希望和他人保持距离的类型，那么站得比平常远一些可能会产生更好的效果。请不要过于相信统计数据，而要先实际判断对方“私人空间”的范围，然后自然地进入对方的地盘，或者邀请对方进入自己的地盘，这才是正确的方法。

在交谈时，如果觉得对方做出的肯定决定较多，或对你很感兴趣，那么就试着将距离从 75cm 缩短为 45cm。如果感觉到对方和你之间有隔阂，在微微地躲避你，而你又无动于衷，不知道向后退一步，那么你就会被认为是个厚脸皮的家伙。因此这项技能的重点在于识时务，能看准时机。

说点题外话，人在做了感到羞愧的事后，如果有人靠近就会感到不安。比如，心里正在怀疑自己外遇的事是不是被发现时，妻子或女友却突然来到身边，人就会感到好像被入侵并看透了，从而产生恐惧感。一旦有人靠近你，你会突然抱起手臂，做出防御架势，或者摆出攻击的姿势，身体朝椅子方向逃走，也就是这个缘故。

小练习

透过玻璃杯，判断心理距离

如果你暗中喜欢某人，想拉近和他（她）之间的距离，或者你有位亲密的朋友，最近却觉得他（她）渐行渐远。那么就请试着把自己的玻璃杯放在他（她）盛放饮料的玻璃杯旁边，看看会发生什么。

因为杯子是直接接触口唇的物品，因此可以用来判断人们的心理距离。在你逐渐把自己的玻璃杯靠近对方的玻璃杯时，对方会有什么反应呢？如果他（她）没什么反应，而且还在喝了一口饮料后又把玻璃杯放回靠近你玻璃杯的位置，那么说明他（她）和你在一起感觉很放松。玻璃杯挨得越近，两个人的心就越近。如果对方很快就把玻璃杯移走，那么说明他（她）觉得你们之间的关系没有那么近。

面对想要追求的人，如果你把玻璃杯移得很近而对方也没有移走，那么这就是表白的时机了。这是由于缩短物理距离的同时，你们的心也在靠近。

另外，如果你觉得“最近有点奇怪啊”“这个人好像离我越来越远了”的时候，把玻璃杯靠过去检验也是很有效果的。如果对方心里有愧，或者心已经离开你了，他（她）就会装作若无其事地拿走杯子。

利用物品位置，操纵印象

实验表明，人只要挺胸抬头，就能做出较为积极的选择。在液晶屏幕上选择项目时，观众往往会对于屏幕上方的项目的否定性比较低。也就是说，“人往高处走”是经过科学检测的真理。

因此，就算是平常随便一丢的东西，只要有意识地调整位置，也能操纵人们对它们产生的印象。比如，给一个人看两样东西，他很容易就会对位置比较高的那件东西产生好印象。

实际上，我也经常在表演中要求参加者选择物品，尽管我会拿出差不多的物品对参加者说“选哪个都可以”，但是大家选择放在高处的物品的概率更大。

即便是在公司开会用的白板上，也可以进行空间操作。比如，在介绍自己的企划书前，先分析已经进入市场的产品。在分析时，请列举该产品的好处和坏处，也就是优点和缺点，并在白板上一一书写。写的时候，把优点写在右边，缺点写在左边。

然后，参会人员的脑海中都会被不知不觉地植入“写在右边的是正面信息，写在左边的是负面信息”的印象。接下来，在介绍自己的企划书时，请若无其事地把概要、目的、要点等一一写在白板的右边。这样一来，尽管你没有露骨地进行自我推销，但与会者都会对你的企划书产生好印象。（如图 25 所示）

图 25

本来，我们并没有把白板一分为二，并给它赋予“这一边好”“那一边坏”的空间错觉。但是，通过不断地切分空间，加强印象，人们就会在不知不觉间按照你事先计划好的那样对白板上的信息产生不同的印象。

隐性强化信息，加深印象

俗话说“越看越喜欢”，这其实主要是因为美国社会心理学家罗伯特·扎荣茨（Robert Zajonc）发表的一篇文章中阐述的关于“单纯接触效果”理论，即“用接触次数诱导别人产生好感”所产生的作用。这种理论也被称为“扎荣茨法则”，指不断刺激人的五感，使之习惯某件事物，从而对其产生“好感”。其重点在于，如果你希望对方选择某件东西，就要事先让对方接触大量关于这件东西的信息。

比如，客户委托你设计一个Logo，虽然还没到正式交货的日期，但是你已经设计好了一版。于是，在和这位客户进行其他事项的商谈时，你可以把这版设计放在其他商谈资料上面。你不用谈到关于这个Logo的话题，只需要让它多次出现在客户眼前就可以了。几天后，当客户要看Logo的设计图时，就会因为这版设计已经进入了他的潜意识，而对其好感大增。

小练习

加深印象法：让一张传单最后被人选中

如果你有很多张宣传单或者很多东西，但希望对方对其中一件留下特别深刻的印象，那么你就可以练习我经常进行演示的“选照片”技巧。

比如，你有三张宣传单。请做出点数、确认的样子，把它们放在桌子上。不要放成整齐的一排，而要像图 26 那样，把它们稍稍叠着放。

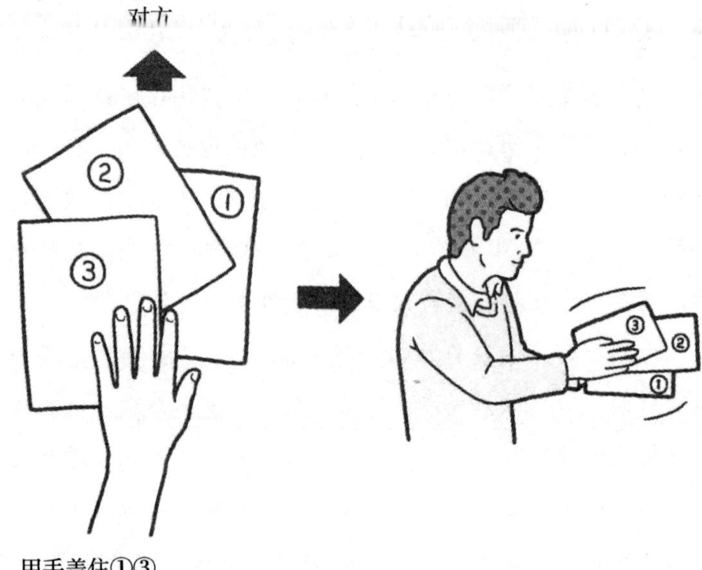

用手盖住①③，
让对方最后只能完全看到②

图 26

接下来，把宣传单②朝对方推得近些，再微微斜过来，这样就可以比较容易地吸引对方的注意。虽然宣传单③在最上面，会导致对方能看到宣传单③的全貌而对它留下印象，但之后，你可以在重复叠放宣传单的时候用手遮住它，使对方不能很清楚地看到。

那么，请从左向右将宣传单收拢，这么一来，宣传单②的标题就会露出来，这样会更有效果。然后用手遮住宣传单③，并朝自己的方向拉回。在这里，你做的一连串动作将使对方只能看到宣传单②。

结果，对方得到的关于宣传单②的信息将远大于其他宣传单。如果你随后又将宣传单②置于一沓文件的最上面，就会给对方留下更为深刻的印象。事实证明，在表演中使用了这种方法后，大部分人都会选择宣传单②。

我在这里给大家介绍的只不过是众多例子中的一个。在上面的情形中，我只是让对方看几眼文件，就能够操纵这些文件在对方脑海中的印象。但是，你首先必须知道自己想给对方留下印象的东西是什么，希望对方选择的东西又是什么。要知道，在说明会这样的场合上，我们需要下功夫的不仅是会议的内容和质量，还有会议中可以利用的一切。

利用眼耳的空间特性，使人更易接受

你认为你听到的声音与话语“听在两只耳朵里都一样”吗？其实关于这点，科学家们已经得出了很有意思的结论。

在人们的大脑中，进入左耳和进入右耳的声音实际上是被大脑的不同区域分别处理的。研究表明，人有优先处理进入右耳的声音的倾向。意大利某大学据此进行了一项新实验，并进一步证明，人将从右耳进入的信息行动化的概率要比从左耳进入的信息大2倍。在分析时，研究人员认为，“由于人类大脑左半球处理积极感情，右半球处理消极感情，而大脑左半球负责处理右耳听到的信息，因此大脑左半球会很容易地把右耳听到的信息判断为请求”。

也就是说，如果有重要的话或者愿望，对着对方的右耳说出来会比较有效。

另外，在视觉方面，人们会比较容易认为从左向右看到的信息“更正确”“更和谐”。这不仅是因为人们已经习惯了看横排字的缘故，更因为人们从小就被教导横排字应该从左向右看，因此在人的潜意识中更容易接受从左到右看到的信息。另外，基于“认知不和谐”理论，人们在看到和正常情况相冲突的信息时，大脑会产生不愉快的情绪。

在全球认为“还是横排字容易读”“横排字看起来更自然”的年轻人日益增多的时代，这个理论可以说是非常有用的。在召开说明会时，朝着对方的右耳说话，并将视觉资料从对方的左侧移到右侧会更有效果。不过，如果过于拘泥于这条理论，把资料不停移动，弄得手忙脚乱，反而会让对方感到诧异，心想“你这是在干什么呢”，所以请一定要把握好分寸。

小练习

从左到右法则：让你做一次切实有效的交谈

在交谈时，如果有可以移动的空间，希望大家一定要试着做下面这个练习。如果再配合使用可以横着书写的白板，就更能提高说服力。

你需要做的是，望着对方，站在房间的左侧开始讲话，边讲边向右侧走，并在右侧结束讲话。凭着这一系列简单的动作，你就可以使听者落入“从左到右法则”的约束中，认为你的话从开头、中间到结尾都是“正确的”，而且还会使他们认为你说的话思路明确，说服力高。

另外，如果在交谈时，你有需要强调的地方，就可以用右手从右向左划动，在听者看来是从左向右划动的。如果你希望产生相反的效果，就可以在讲话时，不动声色地抬起右手从左向右划动，此时在听讲者看来，就是从右向左划动的，这样听者看到这个手势，就会产生不快的感觉。

把握时间：操纵对方的记忆

说错话了怎么办

在和别人交谈时，不小心说漏了嘴，这种事想必谁都遇到过吧。在这种情况下，大家都是怎么处理的呢？

你是道歉、假装没注意到，还是干脆就不知所措、战战兢兢？我想，以上几种处理方法都不会有什么好的效果。从心灵魔术和自由操纵术的角度来看，要处理失言后的局面，莫过于消除对方的记忆了。

“消除记忆！？又不是变魔术！”

你会产生这种想法，我也能理解。说到消除记忆这个设想，还是从产生“人为什么会一下子想不起来某件事”的疑问开始的。既然有了这个疑问，有人可能就会想到“如果能利用科学知识，故意让人一下子想不起来某件事呢？”对！这就是消除记忆。

你和好久不见的朋友一起坐在咖啡店里喝咖啡，你点了一杯拿铁，开始与朋友兴致勃勃地聊天。过了一会儿，服务生来了，在你面前放了一杯美式咖啡。

“哎？我点的不是美式，是拿铁啊！”

“啊，对不起，我马上去换。”

服务生边说边准备撤下杯子。这时，你又改了主意说“算了，美式也不错，不用换了”，然后端起咖啡杯喝了一口。

喝完这口咖啡，你说道：

“哎？刚才说到哪里了？”

之所以会出现这种现象，主要是由于夹在两段鲜明记忆中的那一部分记忆被完全忽略了，这就是“结构性失忆(Structural Amnesia)”现象。

由于美式咖啡的登场，你的记忆被拉回到点拿铁的那个时间点，于是夹在点拿铁和美式咖啡上桌之间的那段记忆就消失了。这就是“人为什么会一下子想不起某事”的原因。也就是说，要想让别人忘掉你之前失言的部分，就可以有意制造这种状况，使对方忘记“失言”这回事。

因此，重点在于失言后，要制造一个和失言之前的谈话有关系的，并且会让对方产生鲜明印象的话题。所以，不要接触和失言内容有关的一切话题，使用“经过 20 分钟，记忆会消除 42%”的原理，使对方忘记“失言”这回事。

但绝不能忘记的是，一定不要让对方发现你的慌乱。如果你们的谈话一直都很愉快、很顺利，你却突然慌乱起来，导致谈话的节奏乱了，这样反而会加重你“失言”的印象。

失言后，要记住这个原理，放宽心，继续平静地和对方聊天才是聪明的做法。

小练习

打岔法：封住对方的嘴巴

在对方就要开口说话时，请你打断他（她）的话，先说点别的试试看。

“话说回来，我父母说让问你好。”

“听说今天的气温是 XX 度！”

“我在 XX 开了家新店哦！”

无论说什么都行，这也是有意让对方“一下子忘掉某事”的方法。

如果时机抓得准，就能让对方忘记之前的话题，并把话题引到你的步调上来。

如果你提出的话题能被谈论 20 分钟，就容易产生对方早已忘记自己原来要说什么的现象。

不过，如果你没抓准时机，结果使人发怒说“我的话还没说完，你闭嘴听着！”那可就不是我的错了。

巧用“时间误导”

如果经常对人类的特性和习惯进行思考、分析，你就会发现很多“有趣”的现象。

比如，当人们就自己的性格和其他人进行交谈后，多半都记不起自己是什么时候和谁说的关于什么内容的话了。而对某些基于具体事实的对话，比如出生的城市，和熟人间的小插曲，甚至于更具体的事情，事后却会格外清楚地记得是和谁在什么时候说的，唯独关于自己性格的对话是个例外。

心灵魔术表演中经常使用的一个技巧就是“时间误导（Time Misdirection）”，即利用时间混淆对方的记忆。通常，误导是作为空间手法来使用的。例如，为了让对方不注意自己的左手，而突然抬起右手，使得对方的视线集中在自己的右手上。虽然这在魔术中属于基础知识，但是在心灵魔术中还要更上一个台阶。比如对面的人说“请看着我的眼睛”，但实际上我们却在观察旁边的人。我们这么做的目的在于悄悄观察那个自以为“还没轮到我”的人的真实表情，并进一步推测他（她）的心理。

总而言之，在恰当的时间进行误导，就叫作“时间误导”。隔上一段时间，人们就会忘记自己曾说过的话，尤其是关于自己性格的话。话说回来，人都是有两面性的，而性格更是会经常在这两面间游移不定。也就是说，根据某时某地的心情和状况，“自己认为自己所具有的性格”也在发生变化。

因此，就算你对一个人提起前些日子他曾就自己的性格进行过一番谈论，事后他肯定会诧异地说：“我说过吗？”

此时，你不妨把那时他说的关于自己性格的话，当成自己的意见说出来，这样一来，对方就会产生错觉，觉得“这个人跟我好像”或“这个人真了解我啊”。

在和他人说到性格时，不要说“你说过自己在这种时候会这么做”，而是说“从你的性格来说，你会这么做吧”。

像这样常常把对方曾经说过的话置换成自己的想法，因为对方不会记得以前曾经说过类似的话，于是就会错以为你已经看穿了他（她）。进行过多次类似的对话后，你就会被大家公认为“非常了解别人心情”的人，并获得他人的好感。从某种意义上说，你展现出了犹如“上帝恩赐的能力”。

活用语言：操纵对方的选择

故意沉默法：引起对方关注

一般情况下，我们会通过不断说话、提问来获取信息，进而了解对方、操纵对方。但其实我们也可以用“故意不说话”来搜集对方的意见，并根据这些意见来操纵对方的思路，这也是一个极具心灵魔术与自由操纵术特征的手法。

我和另外两个人组织成立了名为“Call³”的心灵魔术研究会。曾有一段时间，我暂时封闭起自己的内心，变得固执己见，不愿再和这两人中的山村交流，要知道他平常总和我一起行动。于是他就去找另外一个人，也就是 KOU ☆商量。

他说；“我该怎么对待DaiGo才好呢？”对此，KOU☆是这么回答的：

“山村你总是一个人把所有话都说出来，说得太过头啦！你是不是经常这么和DaiGo说，‘现在我们这种状态不好，还是这么做吧。我会改的，你最好也改改。对吧？有意见吗？没有吧’。我觉得，恐怕DaiGo回到家也想不通。他肯定想‘虽然山村说得对，但总觉得被他给绕进去了似的。尤其是被他说到痛处更不爽’。换作是我的话，我会保持沉默，什么也不说。就算他开始说什么，我也不回答，给他一些思考的时间，让他自己觉得‘刚才的气氛是不是有点不好？山村生气了吧’。正确的答案给得过多反而没有效果。话只说七成或八成，要让对方自己想出答案。”

我听山村转述了这段话后，就想到“要给对方自己拿出答案的余地，这是个有效的操作方法”。这种操作方法的原理正是“蔡戈尼效应(Zeigarnik effect)”。比如在看电视时，如果在电视节目进行到正精彩的地方插入广告，或干脆“下回分解”，观众就会产生“特别想看下面内容”的情绪。这主要是由于人们对未完成的事物的印象会特别强烈的缘故。

事实上，在心灵魔术的表演中，如果请对方在众多物品中选择一件，那么心灵魔术师会故意不对其中的某件物品进行说明，引得参加者选择未经说明的物品。比如心灵魔术师说："这是我在心灵魔术表演中用手设法弄细，使其变弯曲的银戒指。这本书是现在流行的新人作家 ××× 的第 × 本小说，出版它的是……"

然后，我拿出手机，只说一句"这是夏普手机"，然后便开始解说下一件物品。这么一来，就出现了一个不可思议的现象：参加者会放过我滔滔不绝进行说明的所有东西，单单选择我根本没有进行解释说明的手机。尤其是那种脾气别扭，特别讨厌受人指挥，凡事都要自己决定的人这种倾向更明显。

另外，消音法也很有效。

比如，有人在你面前列举数字："1、2、3、5、6……"

听人这么一说，你不会开始对"4"这个数字特别在意吗？为什么他不说"4"呢？"4"很特别吗？"4"有什么问题吗？"4"被排挤了吗？于是对方利用这种心理，使你选择了"4"。

小练习

看透另一面：了解周围人的顽固程度

练习并不是什么正式表演，所以你不妨和周围的人做个游戏。先拿出各种物品，再使用"故意不解释""消音法"，或故意提高声调对其中一件物品进行说明，然后让他们进行选择。

这种手法特别容易在固执己见的人身上产生作用。比如，顽固的上司或部下、脾气别扭的恋人、被大家评为"直肠子"

的朋友……不过，也有可能会出现意外的人，让你看到意外的反应。

请期待发现那些以前所不知道的一个人的另一面吧。

“Yes”套路：习惯性肯定

虽然可能会让你觉得有些突然，但我还是想问：“你知道孩子们经常玩的‘10次游戏’吗？”

“10次游戏”就是先让对方连续不断地说上10次“披萨（Pizza)”，然后马上用手指着他的手肘问“这是什么？”对方就会不由自主地说“Pizza”。“手肘”在日语中的发音应该是“HiJi”，由于连续发同一个音，就会形成短暂的习惯。

也许有销售经验的人已经比较熟悉下面的手法了。那就是，如果不停地问对方只能回答“Yes”的问题，对方就会习惯性地做出肯定的回答。

比如你们可以这样对话。

“今天天气真不错。”

“是啊，是个大晴天。”

“气温也很暖和，觉得很舒服呢。”

“是啊。这个季节最舒服了。”

“这么好的天气，拿来上班真是太浪费了。”

“就是啊。”

“那，今天好不容易见个面，说说那件事怎么样啊？”

“行啊。”

重点在于，要连续不断地问出对方只能回答“Yes”的问题。倒也不一定必须是正面的内容，也可以用一些含有消极元素的否定问题。如“最近的年轻人都不喜欢海外旅行了”，或者“×× 商品的销量总是上不去啊”。只要让对方反复说出“Yes”的答案，习惯后，即便你问了一个对方很有可能否定的问题，他也会被说“Yes”的倾向紧紧抓住，而很难说“No”，这使用的就是“惯性”手法。

如果对方一连说了几个“Yes”，你就可以看准时机，改变问题的方向。比如，努力想邀请某位女性去约会时，会话就可以像下面这样。

“突然说要两个人去喝一杯的话，可能有点困难，那么去吃个饭如何？”

“嗯。吃个饭应该可以。”

“这样啊，可能还是觉得和男人去喝酒很危险吧（笑）。”

“女人嘛，这点警戒心还是有的。”

“那就叫上 ××（共同的友人）一起去酒吧好了，如果谈得来，两个人再一起去别的地方也可以啊。”

“……也是，这样也行。”

上面对话的目的是让女性答应不只是吃饭，而是去酒吧喝酒。如果对方没有否定，基本上事情就成了。当然，即便这么做，对方也有可能说“No”。但是你们之间的状况确实已经进入了“不小心就回答了Yes”“在当时的气氛下很难说No”的状态。

如果遇到了消极、顽固的人，或者一开始就不配合的人，就要考虑在什么时机从“Yes”套路切换成让对方不断说“No”的套路。

“No”套路的有趣之处在于，不管对方说了多少“No”，你都可以把希望对方答应的那句话反过来说。比如，“这么说，你无论如何也不愿意点头答应我了？”这个时候，对方如果还在回答“No”，反而等于答应了你的要求。

小练习

如何使用“Yes”套路顺利进行谈话

虽然在理论上很容易理解如何让对方不断地说出“Yes”，但实际操作起来却出乎意料地难。在每次进行表演时，我都必须让初次见面的参与者毫不犹豫地说出“Yes”，这非常令人头疼。根据多年的经验，我向大家介绍一种简单可行的练习方法。

比如，坐地铁的时候，你的对面坐了七八个人，那么请从座位的一端逐个观察他们，然后在心里和每个人进行“Video Talk”。所谓“Video Talk”，就是用看录像片的态度看着对面的人，就自己眼中看到的信息和他们谈话。比如，你可以在心里对穿红色衣服的人说，“今天穿了红色的衣服啊”，对穿蓝色衣服的人说，“今天穿了蓝色的衣服啊”，对戴眼镜的人说，“今天戴了眼镜啊”……你只需要按照自己眼中看到的信息，在脑中模拟一些“即便现在开口问了，对方也不会否定”的问题。在街上和别人擦身而过时，也可以这样练习，而且街头练习对提高反应速度很有帮助。

当察觉自己脑中想到的问题有消极因素时，还需要有把它们说成好事的能力。

比方说，脑子里冒出了“土气”这个词，你可以把它替换成“简洁”“认真”“不轻浮”等带有正面信息的词汇。这样，在进行“Video Talk”练习的时候多多练习积极的说话方式，将来面对谈话对象时，词汇就会变得越来越丰富。

如何与客户保持恰到好处的联系频率

假设别人介绍你认识一位潜在客户，见面后，你想给这位客户发一封邮件问候一下，加深他对自己和公司产品的印象。此时，该如何既不使对方觉得你在强行推销，又能引起他的兴趣呢？

首先，在会面第二天，抓住对方平时查看邮件的时机，及时发一封“昨天承蒙关照”的邮件，尽管邮件的标题写的是“承蒙关照”，但你可以在邮件的内容里稍微提一下你曾介绍过的商品和计划，或谈论对方感兴趣的商品及自己的情况。

“昨天承蒙您在百忙之中拨冗会面。……希望我们将来能就您感兴趣的项目进一步合作。”

在邮件中，你可以先提一下“对方感兴趣”的内容。一周后，或者在接下来的一个月内，再写两封邮件，提供一些简单的信息。比如，你可以在邮件中这么写，“关于您以前感兴趣的那件商品又有了新信息，特向您报告……”重要的是，你要在邮件中写上类似于“您感兴趣的”等字样，这样一来，对方会连续好几个月记得自己感兴趣的这件商品。如果在邮件中不触及类似的词汇，在遗忘曲线的作用下，对方就会慢慢把这件事忘掉。

另外，尽管用邮件来问候对方也是有效果的，但如果想推销自己，还是亲自到对方公司拜访比较好。即便实际上没什么事要办，亲自前去也会产生更为显著的效果。

改变声音：植入特殊印象

以心理咨询为主业的埃里克森博士，在声音使用方面也是一位专家，他经常使用声音分类法传达信息。比如，在和顾客谈话时，你如果有一件特别想要传达的事，可以变化音调，区别于刚才一直使用的音调，这样就会产生“我现在说的事和刚才那些可不一样”的效果，并使对方在无意识中接收到这个信息。

很多心灵魔术师也经常使用声音分类法。比如，他们会说：“现在这里有五件东西，请在其中选出一件，并在心里想着它”，然后再一一介绍这些东西，并在介绍希望对方选择的那件东西时改变音调。这样一来，只需改变音调，就能在对方的潜意识中留下印象。

熟练使用这种方法后，你就可以同时面向舞台上的 A、B、C、D、E 五位观众，并做到只对观众 C 传达特定信息这种事。

在谈话中，每当轮到对观众 C 讲话时，你就放低音调，用比其他人低沉的声音与观众 C 讲话。当然，如果做得太露骨，让整个舞台上的人都注意到了，那就没有用了。实际上，这需要高超的技巧。这么一来，你就会在观众 C 的脑中植入“这个人在和我说话的时候声音低沉”的印象。此后，即便你开始与整个会场讲话，只要换成低沉的声音，观众 C 还是会抓住这个声音，开始想“这句话是对我说的”。

平时很风趣、喜欢开玩笑的人，突然在说话的时候压低声音，并开始用沉稳的声调叙述时，大家就都会想“出什么事了”，于是不由自主地严肃起来；在孩童时期，如果家长用比平常粗的声音叫了孩子的名字，大部分孩子都会想“啊，爸爸妈妈生气了”，身体就会一下子变僵硬。

在舞台上表演的时候，就要能做到仅靠声音的音调变化使对方选择自己希望他（她）选择的物品。我的制作人山村先生虽然不使用改变音调的方法，但他会在激动时使用标准话，放松时使用京都话，通过这种方法巧妙地控制自己和对方间的距离。

巧用“秘密”，拉近距离

人们聚在一起后，总有一两个性格和价值观与众不同、特别显眼的人。如果和这个人只是普通的熟人关系，只需要说句“怕是合不来”就可以解决问题了。但如果这个人刚好是你的工作伙伴、隔壁邻居，或是同一个组织的会员，碰面的机会很多的话，那就很难办了。

如果任其发展，势必会摩擦不断，就会给自己周围的人造成负面影响，组织里的气氛也会变差。在这种情况下，你可以和对方分享秘密，即利用“接近效应”以拉近彼此的距离。

如果你对分享“秘密”有抗拒感，那么分享“共同经历”也可以。重要的是，让对方明确地认为“这是我和你之间的秘密”，或者“这是我和你共同经历过的事”。

“我希望这件事只有我和你两个人知道。”

“我只和你说哦，其实……”

虽然对方可能会在一瞬间怀疑“真的只和我说吗？”但仍会决定姑且听你说说。“秘密”这个词是全世界人都爱吃的“甜品”，谁听见这个词都会兴奋起来，估计没有人会觉得秘密“讨厌”吧。这样，他（她）可能就会觉得“这个人竟然会对我说他的秘密，他一定非常信任我”。

至于秘密的内容是无关紧要的。自己的私事当然可以，只要不会给同事造成烦恼，工作上的话题也无所谓。

如果分享的不是秘密，而是“共同经历”，你可以按照以下步骤进行。

在开会讨论前，先用“有点事想确认一下”为借口把对方叫过来，事先和他（她）讨论会议流程或会议重点。

“我把今天的流程安排成这样，你看怎么样……”

“关于这部分你怎么想？”

“我想在会上讨论一下这方面的事，你看怎么说比较好呢？”

通过两个人一起确认来制造共同经历，明确分工后，即可让对方产生信赖感。

人们一旦在心中对某人产生“是自己人”的感觉，就会有意无意地提高对这个人的评价，这也是“秘密”手法瞄准的另一个目标。人们在明白对方和自己属于同一阵营时，对他的正面评价就会上升 30% 以上。比如，“别人如果这么做，我会很生气，他的话就算了吧”。我们都曾有过这样的经历：如果对方和自己兴趣相同，就会很快亲密起来；如果听说对方和自己是同乡，就会产生亲近感。这就是“秘密”和“共同经历”引起的“集团内的伙伴意识”。

一旦别人认为你是伙伴，那么多少会对你有所忍让。如果那个不合群的人先和一群人中的一个关系好起来，那么以此为契机，他和周围的所有人也都有可能产生伙伴意识。

顺便说一句，利用“接近效应”在恋爱方面也十分有效。本来对于恋爱的人来说，“两个人约会”这样的事之所以有其特殊意义，也是因为它是只属于两个人的共同经历。

也许刚认识就提出约会可能很难，但如果能灵活运用"接近效应"，对方的反应应该就会发生变化。哪怕只是些小事也好，所以请从制造只属于你和对方两个人的小秘密开始。

“三”法则：制造安心感

我认识的一位室内设计师说过：进行展示的时候，把同样的东西摆出三个，看起来会显得比较时髦。

其实，在我们的生活中，三个为一组的事情是非常多的。比如，提重物的时候会默念“1、2、3”；参加跑步比赛的时候，让我们心跳加速的那个时段也是被分成“各就各位、预备、跑”三个阶段；我们读的童话里有《三只小猪》，《阿拉丁的神灯》里面出来的灯魔会满足人的三个愿望。

我在本书中介绍的例子实际上也充满了三。只要稍微注意一下，你就会发现宣传单和企划书之类的数目有很多都是三份。在给别人举例子的时候也是，两个例子太少，四个例子又感觉像是不上不下，所以，还是三个例子最好。

也就是说，向别人出示物品、传达信息的时候，运用“三”法则是一个秘诀。

如此一来，对方在听你说话时也会比较安心，容易接受。

分担法则：让对方爽快答应你的请求

无论是在职场、学校，还是在其他场合中，只要是有人的环境，就会产生很多“需要拜托别人”的情况。尽管可以说自己“有生以来从没有拜托过别人一件事”的人极其稀少，但是，觉得“不想被拒绝”“不想看到对方摆出一副厌烦的脸”“好像欠了人什么东西一样”的“不会拜托别人的人”却远比你想象的要多。

如果有一种技巧，使你在拜托别人做事情的时候，对方能痛痛快快地接受，你会感觉如何呢？你不觉得人生三分之一的压力都烟消云散了吗？

人们都有这样的倾向，当身处群体之中时，容易接受多数人的意见；和陌生人比起来，更容易接受家人或恋人等重要人物的意见。如果多数人的“行为”或“主张”相同，人们就会有意无意中和多数派产生“同调行为”。我们一定要学会利用这种倾向。

“XX 接下来要帮我做这件事，所以我要开始做这件事了。因此，你就做那件事吧。”

比起单纯拜托对方复印或者洗碗，这样说，对方听起来会更顺耳，也更容易接受。

“XX，实在对不起。我知道你很忙，不过可以帮我尽快把这

3份文件复印了吗？”

话说到这里，遣词造句已经非常客气了，但是还可以再加上一句：

“再过X分钟我就必须把给部长的文件做好，所以可以尽快帮我复印吗？”

在家中，不说“把报纸拿来”，而说“我在做出门的准备，可以帮我把报纸拿来吗？”或者“我出去买做晚饭的材料，回来之前你可以把碗洗了吗？”

在我们还是小孩子的时候，脑中就已经埋下了“他擦窗子，我扫地”的分工概念。虽然不至于说“不干活的人没饭吃”，但在我们的潜意识中，都有“让别人做事的时候，不能自己闲着”的观念。

男人在说明状况和遣词造句方面不是很在行，一不小心就会对家人说出“报纸在哪呢？”这种简单粗暴的句子。不过，只要会使用分担法，家人的反抗情绪就能缩到最小限度。当然不用我说，世界上可没有“我吃饭，你付账”这种分担法哦！

善用动作：模仿建立信赖感

如果有人和你做了一样的动作，摆了一样的姿势，你的心中是不是会涌起莫名的亲近感？尽管在之后的应用篇中也会从恋爱的角度谈到有关“镜像”的话题，但在这里，我们会先从“操纵”方面对“镜像”做一下介绍。

“镜像”这种手法是指，像镜子一样模仿你想要接近的人的行为和动作，制造和对方之间的亲近感。（如图 27 所示）尽管最初只是你模仿对方，但之后如果和对方建立起信赖关系，对方也会渐渐和你采取同样的姿势，在同样的时间里做同样的行为。

这也被称为“接近镜像”，心灵魔术师在舞台上主要使用的也是这种手法。

图 27

当然，在一瞬间确立和对方之间的亲近感和信赖关系是需要一定技巧的。如果这种信赖关系成功建立起来，只要你在对方的附近做了什么动作、摆了什么姿势，对方就会很神奇地模仿起来。

在表演开始时，我之所以会卖许多关子，也是为了尽快和参加者进行沟通、交流。我希望参加者能够在心里想“说不定他有什么特别的能力”“这个人说的话也许有什么特别的含义”“如果他看了我的眼睛，说不定就能把我的想法也看透”等，这对表演很有帮助。如果我向对方说，“我看到了字母M，你有什么印象吗？”对方就会自己告诉我，“啊，我最喜欢的猫的名字里有M”。

在一定程度上和对方形成“连体人”的关系，就是对镜像法（详见第五章）的“终极操作”。

寻找相同或相似之处，增加亲近感

除了那些“就是讨厌和别人一样”的顽固的人以外，大部分人在看到对方身上有和自己类似或共通的地方时，都会产生亲近感。看到对方带着和自己相同或相似的随身物品时，也是一样的。特别是一些男性比较注重品位，每当看到别人带着和自己一样的随身物品时，就会觉得自己的品位得到了认同，就会感到高兴。

如果在商业场合，需要和同一个人多次见面，那么只需要把笔、记事本、公文包等换成和对方相同的品牌就会很有效果。当然，这种事不能挂在嘴边，要让对方在无意中发现。尽管对方也不会说，但只要让他在内心想“这个人用的东西和我的一样”就够了。

另外，在物品的放置方法上也可以模仿对方。相对而坐时，两个人不仅能看到对方的脸，也能看到对方的整个上半身及周围情况，放在桌子上的物品当然也能进入对方的视野，因此，如果物品的放置位置相同，也能让对方产生亲近感。

这个手法在生活中很多情况下都能用得上，比如，可以把这种手法应用到写邮件上。如果对方的邮件写得很简洁，而你却回了封很啰唆的长邮件，那么对方就会觉得你“是个麻烦的人”；相反，如果对方的邮件写得非常细致、客气，你却回了封简单的邮件，对方就会觉得你很冷淡。因此，在写邮件时，做到语气和对方相似就能为你加分。

第四章 自由操纵人心之搞定职场篇

在工作之余，人们都会在意公司和客户对自己的评价。比如，公司和客户是怎么看待自己做的企划书的呢？作为公司的一架“战斗机”，自己获得了怎样的评价呢？

就算不知道心灵魔术与自由操纵术，我们同样有各种各样的评判标准，如自身的成功和失败经验、前辈的教导、推销技巧等。只不过，基于科学构建起来的心灵魔术是一种可以应用在各种领域的技术。当它应用到生活当中时，就是自由操纵术。通过使用它，我们不仅可以改善与家人、朋友、恋人之间的关系，与同一职场或工作上有联系的人之间的关系也会变得顺畅起来，从而更有自信，抹去“自己不行”的意识，比对手站在更优越的位置上，这样才能工作顺利。

在这一章中，我将介绍一些对工作有帮助的手法，请大家一定要练习一下，亲自感受它们的效果。

缩短距离：对警惕心强的人，要让对方主动靠近

在商务场合，我们和“初次见面的人”面对面的情况非常多。我也有机会做各种各样的表演，和许多初次见面的人合作。话说回来，最初我们都只是初次见面，如果不能和别人搞好关系、缩短心与心之间的距离，就谈不到后期的发展。从这个意义上讲，工作、恋爱、友情都是一样的。

你的“私人空间”是依据和对方的亲密程度而变化的。和对方的关系越是亲近，两个人之间的物理距离也就越短，因此，只要能一口气缩短和想亲近的人之间的物理距离就好了。

一般有关心理学的书籍都认为“要装作若无其事地靠近对方”才能达到缩短物理距离的目的。而心灵魔术与自由操纵

术使用的方法则是自己不动，诱导对方无意识地向自己靠近。

我在表演中所做的那些不可思议的事，也可以说是为了让对方接近我的一种手段。先不提站在舞台上的时候，就算是在日常生活中，将弯曲叉子表演给别人看时，对方都会很惊讶地一直盯着我的手。人们如果对眼前发生的现象感兴趣，就会不知不觉地缩小自己“私人空间”的范围。因为这一行为是对方主动进行的，所以也不会产生警惕心。

不过，对陌生人进行心灵魔术表演，说到底还是属于特殊行为，一般人不容易做到。在这里，让我举一个普通的例子。

比如，在工作中经常遇到交换名片的情况。既然双方都是陌生人，彼此距离 1 米左右会比较自然，但这个距离无法使双方进行顺畅地交流。当然，你也可以向对方靠近以便顺利交换名片，但正如我们前文所说的那样，在这种情况下，你尽量不要自己先行动，而要先观察对方的态度。

一开始就毫无芥蒂地走到你面前的人，具有在短时间内就比较容易交心的性格；虽然走到了你面前，但仍保持一定距离的人，是那种警惕心较强、会自我保护的人。想要降服会自我保护的人，就要避免轻率地采取行动，而是要想办法让对方主动缩小“私人空间”。

比如，“互相传递东西”虽然简单，但是非常有效。请注意观察，互相递过几次东西后，对方是否会放下警惕心，主动靠近你。如果你能够缩短双方的物理距离，那么你们的心就会慢慢靠近。

但重点在于，不管对方是什么样的人，绝对不能放过他（她）主动进入你的“领土范围”的那一瞬间。这表示对方对你产生了兴趣，想知道你的情况。从广义上讲，这是个很好的拉近彼此距离的机会。

为了让对方进入你的私人领域，你可以先主动把对方需要的东西递过去，然后使对方无意识地进入你的私人领域。

在把资料递给对方的时候，不要主动向对方靠近，而是要故意把资料放在离对方稍远的位置上。但要注意，不要放得太远，免得让对方误会你对他（她）有意见，而是要放在对方需要伸长手但还是可以拿到的范围内。这样对方就会渐渐习惯进入你的“领土范围”，主动向你靠近了。

另外，你也可以装作若无其事地把东西掉在对方附近，再让他（她）捡起来还给你，这也是一种很有效的方法。如果是在办公室里，你还可以有意让对方看到你的资料或电脑画面，这也是个不错的方法。

占据主动：初次见面的表现，决定相处模式

很多人会经常遇到行为无法预测，或者和自己步调完全不一致的人，并觉得这样的人很难对付。说句实话，我也觉得这种人有些可怕。

他们不会按照任何人的想法行动。有些人确实拥有这种自由奔放的性格，但也有些人是故意给别人制造这种印象的。不管出于什么原因，这种人都拥有“控制局面”的力量，他们比较容易取得对局面的主导权。

故意怠慢法，让人被动

当你和初次见面的人交换名片时，请在递出名片之前小声地叫一声“啊”，并做出突然想起什么的样子，让当时的

空气稍微凝固一下。虽然可能只有 0.3 秒左右的时间，但你一定能感觉到周围人的目光已经全部集中到你身上了。

或者，虽然两个人都把名片拿出来了，但是请在还没有进行交换时说："说起来，我们已经在电话里谈过好几次了吧？"这样一来，对方肯定会想"这还没递出去的名片可怎么办"，并由此产生不安。然后，请观察对方的手是如何动的。

有的人会想"是不是先不交换名片了"为好，于是把手缩回去了；而有的人会一直抬着手，完全不知道该怎么办。

类似这样的方法，我们就称之为"故意怠慢法"。

人的大脑会把从伸出手到握住对方的手的一连串动作定义为"握手"。因此，在这一连串动作发生时，如果突然停止，比如突然把手抽回来，就会给对方的大脑造成混乱。像这样使对方进入被动状态，抑制其进行自主行为的状态被称为"全身僵硬症（Catalepsy）"。

实际上，在表演心灵魔术时，心灵魔术师偶尔也会请嘉宾进行协助，此时，他们会使对方手腕肌肉产生僵直或弛缓的"僵硬症"状态。而对于上台协助表演的人来说，这会使他（她）陷入"下面不知道会发生什么事"的状况中，从而容易接受诱导，使整个局面容易按照心灵魔术师的步调发展。

力量握手法，占据优势

在类似于美国总统竞选的场合，我们经常可以见到一种握手方式——“力量握手法”。

简单地说，这种握手法就是用右手握住对方的右手，左手握住对方的右手手肘（如图 28 所示），此时被握住手肘的人的右臂就会受到控制。如果有人这样和你握手，你就要明白，对方是在告诉你“主动权可是控制在我的手里”。

图 28

另外，在握手时，将左手放在对方右手的手背上也会起到相同的效果。此时，你是在无意识地提醒对方“我的位置在你的上面”。特别是在有握手文化的国家、地区中，这种效果会非常显著。

不过，如果对方恰好也读过本书，对你采取了这种握手法的话，请不动声色地避开，这样你们之间的关系至少会维持对等。

善用光线：坐在背光位置，降低对方判断力

在与对方初次见面时，特别是在第一次碰头会上，请留意座席的位置。此时，你要坐在能让自己看起来像是“背负着光线”的位置上。如果房间里有窗子，请背向窗子坐（如图 29 所示）。这么一来，别人就会觉得你的形象看起来比较高大。

人在长时间接触光线的情况下，眼睛会感到疲劳。耳朵里有鼓膜，还有微小骨等联系着神经，而眼睛只有视神经。所以，如果想让对方感到疲劳，最好的方法就是刺激对方的视神经。科学证明，在视神经疲劳的情况下，人会变得更被动。

如果对方变得被动，就会“容易接受你的暗示”，你就“容易获得主导权”，最后达到“对方容易接受你的意见”的效果。另外，因为光线是从你的背后照射过来的，所以对方很难分析你当时的表情。

图 29

在人的五感中，最发达的就是视觉，所以上述手法早已被运用在催眠领域。据说一部分国外催眠师工作时仍在使用自己专用的照明器具，这种特殊的照明器具会每隔 4 秒钟将光线减弱 1 秒钟。

在日本，催眠师一般都使用坠子，但在其他国家，催眠师们多使用光线。实际上，使用光线进行催眠，要比让人盯着坠子看有效得多。

要想把这个方法应用在会议等场合，你只需要坐在背光的位置上就可以了，这样就能降低对方的判断力。

如果公司会议室有窗子，那么在客户来开会时，你就可以指定到会议室开会，并创造出背光效果；如果公司会议室里没有窗子，你可以找借口说“我们公司在省电”，然后把客户必须经过的走廊光线调低，并事先把客户要去的房间的灯光调亮。在这些细节上下功夫，你就可以更轻易地达到想要的目的。

希特勒的演讲法：选择傍晚时分

你觉得，人在什么时候最容易被“暗示”呢？

也许很多人都会觉得“被暗示”是坏事或令人害怕的事。不过，在日常生活中，我们经常无意识地被“暗示”或“操纵”。比如，电视里的商业广告。这些广告多半是明星们说着极具诱惑力的广告词，并不断重复着商品名称。经常听到这些广告，说不定某一天，你就会在超市里一边哼着小调一边把这些商品往购物车里放。

暗示所造成的影响并不局限于个人，如果被负面力量利用，整个地球都会在暗示的支配下沦为一个恐怖的世界。独裁者阿道夫·希特勒就是靠大规模演说来召集民众，支配别人心灵和头脑的恐怖人物。不过，他的演说完全是依靠各种手法进行的一场表演。

希特勒为了进行演讲而召集民众时，一定会选择傍晚。此时，人们已经劳作了一天，无论是精神还是肉体，其疲劳程度都已到达了顶峰。人在疲劳时，判断力会降低，变得被动，希特勒正是利用了这一点进行演讲的。在演讲前，希特勒的亲卫队会在聚集起来的人群外围形成一个包围圈，一点一点地缩小人群的范围。尽管周围人很多，但是由于天色变暗，人们并不能很清楚地看到周围人的模样，于是便会产生希特勒的话只是说给自己一个人听的错觉。在演讲过程中，人群里会时不时地传出“希特勒万岁”的呼声，并伴随着音乐。希特勒站在演讲台上的时候，演讲台的左右两侧还会向上打出灯光照在希特勒身上，而背光的他看起来极具梦幻色彩。

之后，希特勒依靠重复那些简明易懂的目标，抓住人心的语句，以及简单的标语，把这些内容烙入民众心中。这种不断重复简单句子的方法，与美国总统奥巴马在预选时喊的“Yes，We can！”的口号有着异曲同工的效果。希特勒之所以故意进行声势浩大的演讲，使用夸张的姿势和手势，都是因为他在提高群体被暗示性上进行了极深入的思考。借助这些手段，他实现了对民众的完全控制。

首印效应：七秒内树立主导者形象

人的第一印象能起到多大的决定作用呢？有位心理学家曾说，“人和人见面后的七秒内决定一切。此后，无论对方如何改变，你对他（她）的印象在半年内都是不会发生变化的”。

基于上述理论，如果能在开始形成人际关系时，就让对方觉得主导权在你手里，产生你就是主导者的印象，那么只要你开口说话，周围就会出现安静下来听你讲话的局面。

在开会时，双方就座后，不要等对方先说话，而是要抢先打开话题，比如“今天我们主要讨论……”，制造能够抓住主导权的局面，这对主导整个会议是非常有效的。

世界上有各种性格的人，有的人尽管想抓住主导权，却又觉得“和自己为人处事的原则不符”，“Call[3]”里的

KOU ☆就是这样的一个人。他是一个 24 小时都思考着心灵魔术，沉默寡言，却又具有特殊存在感的人。

比如，对方把名片递过来，而他会说“对不起，我没印名片……”，然后朝对方的名片瞥一眼，却不会接过来。一般来说，两个人交换名片的时候，最多端详几秒就会回到原来的话题上。但是，如果是和他交换名片，就算对方已经等得略微不耐烦，他也毫不在意，还是完全按自己的步调看着对方的名片。

在这段独特的“时间”里，他已经给对方造成了“不能对这个人做出失礼的举动”，或“面对这个人必须举止谨慎”的印象。此时，他的“印象操作”就已经开始了。

别人递出资料的时候也是一样，尽管对方说“这是资料”并递了过来，他也不会伸手去接。对方没办法，只好拿到他的面前来。（如图 30 所示）

KOU ☆采用的是经过心理学家洛钦斯证明的“首印效应”。因为在构筑人际关系的初期，他采用了这种令人印象深刻的操作手法，于是制造出了对方认为“自己的一切行动都是由他的行动导致”的模式。

这时候他就会有足够自信认为：“当我做完这个步骤，他（她）就会做那个步骤。”

图 30

一旦对方的大脑中形成了这种关联，那么他（她）就会按照这个模式对委派给自己的工作流程和方法进行把握。这和“如果对方不说话，我就必须要说话”的心理有些相似。另外，如果有些人的思维模式是“只要我这么做，他（她）当然就会那么做”，那则是因为这个人没有从自己的世界里走出来。他们会想“如果按照我的方法做肯定能顺利，如果不顺利，就是别人的错”。面对这样的人，更要故意让他（她）认为“和这个人一起工作，不做到某一步可不行”，进行这样的意识操作也是很有效果的。

当然，很多人都会觉得不可能对别人做到这种地步，但这种基于“首印效应”理论的行为却是心灵魔术与自由操纵术经常使用的表现手法。

福勒效应：陈述自己的多面性，别人更易接受你

美国心理学家伯特伦·福勒（Bertram Fowler）为了证明他人对自己的评价是极其模糊不清的，曾进行过这样的心理实验。

福勒先对多人进行心理测试，几天后，他把心理测试的分析结果发给那些人，并询问分析得是否正确。结果有70%以上的人回答说“基本正确”，还有一部分人回答“这说的完全就是我”。但实际上，分发给每个人的分析结果是完全一样的。这种现象就被称为“福勒效应”，也叫“巴纳姆效应”。

分析结果的内容包括“尽管从外表看起来很有自信，但实际上在内心中的某处常感到彷徨不安”“尽管经常追求刺激和变化，但实际上是慎重型的，很少出界”等含有矛盾含义的句子。

人都是有两面性的，因此，我们可以把这一特征活用在自我介绍信及公司面试的自我介绍环节上。（如图 31 所示）

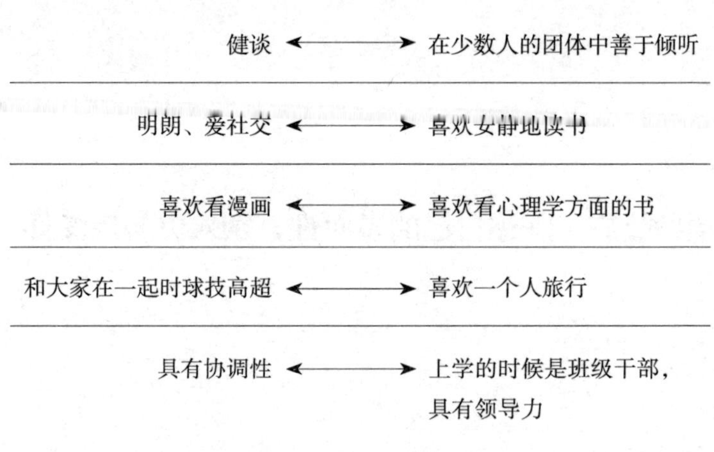

图 31

比如：

“我平时很健谈，但是两个人面对面的时候，我会侧重于倾听。”

“社交方面，我比较开朗，经常被人叫去参加聚会，但是我也爱听古典歌剧，爱看人物传记。”

“在团体聚会时，我都和大家一起行动，但不聚会的时候，我也爱一个人出门旅游。”

“我是那种能在行动上发挥领导力的类型，不过我也乐于听从朋友的意见，并协调发展。”

即便没有完全把握好自己的“正反两面”也没关系，只需要按照“我认为的自己”和“与之相反的自己”模式来讲就可以了。

你不需要改变原本的自己，只需要网罗更多的特征并提示给对方，让对方觉得“尽管我有点在意这个地方，但既然还有另一面，就多重视一下那个部分吧”，这样，大部分人就会比较容易接受你。

附加条件：重复特定动作，操纵他人印象

人们在交往的最初 5 分钟内，会无意识地感应并认识到“适用于当前场合的规矩”。

第一个发言的人能够完整、顺利地把自己想说的话说完，而错过这个机会的人会尽量不去打破已经形成的氛围，而成为“倾听者”。最初讲笑话把大家逗笑的人以后也会被期待为“炒热气氛的角色”……由此可见，人们常常在第一次见面时就被确定了以后交往中的分工。

在没有固定岗位和分工的舞台表演中，和初次见面的人进行初次接触的机会很多。根据“首印效应”，人们对他人的印象是基于第一次见面的印象而形成的。如果不习惯舞台表演的环境，上台表演时就会很紧张，那么现场的气氛就无法放松下来。

在本节中，我就要介绍一个被称为“附加条件”的方法，即通过某种特殊暗示，使得你在任何环境下都能按照自己的步调行事的方法。

首先请制定一个只有你自己知道的规则。比如，在说到好事的时候，就把一只手的手肘支在桌子上，伸出上臂，另一只手轻轻举到空中，如图 32 所示；当谈论坏事或缺点时，就一边说话一边用指尖轻敲桌面，如图 33 所示。规则的内容无关紧要，只要是你自己决定好的就可以了。

不过，如果制定的规则是“站起来就是好事，坐下去就是坏事”这种单纯的动作，那么当你因为很累而坐着休息的时候也会让人无意中产生“负面印象”，这是很危险的，请一定要注意。而且本来规则这种东西是要在别人无意识的状态下用来操纵他（她）时使用的，如果对方注意到了就无效了。

接下来，反复做出你制定好的动作，直到周围的人一看到你的动作就会产生“好”和“坏”的印象为止。

你的规则是否能成为所有人默认的规则，这是决定胜负的关键。特别是在人多、时间又不够的场合，这要求你必须集中精力。不过，只要规则定下来了，你后面要做的就简单了。你只需要在说到希望大家产生正面印象的话题时，比如，说到新产品的话题时，把一只手（随便哪只手都可以）放在桌面上，支起手肘，另一只手轻轻举在空中就可以了。

图 32

图 33

自我暗示法，让自己迅速平静

有的人在开重要的说明会或其他会议前，总是会感到非常紧张。如果他们能制定一些让自己放松下来的“规则”，多少可以缓解一下紧张情绪。这时候，暗示对象与操纵对象就变成了自己。

我经常在右手食指上戴着一个自己做的戒指，在比较放松的休息时间或自由活动时间，我就会把戒指换到左手中指上。如果在表演前感到紧张，而且怎么也无法放松下来时，我就会把戒指带到左手中指上，这样一来，自己制定的规则就会在一瞬间产生作用，就算身处紧张环境中，也会感到放松。

为了让规则真正进入内心，就一定要在真正觉得放松时把戒指换到左手中指上，只是稍微有点放松的状态是不行的，而且要一次又一次地重复。能够成为切换开关的动作不能是平常随手就能做的普通动作，而要稍微复杂一些，比如摘下手表，擦拭表面，然后再换到另一边的手腕上；或者双手盖在脸上，之后拉扯两边的耳垂等，这样才不会给大脑造成混乱。

抓住时机：在放松时植入暗示，引导对方选择

英国著名心灵魔术师达伦·布朗（Derren Brown），利用“阈上与阈下知觉效应”对人类的意识和潜意识的交叉领域进行了有意刺激。结果，他使两个专业的广告设计师画出了和他事先画好的画几乎完全一样的设计图；或者把一沓报纸拿给观众让其选出一张，之后又把那张报纸撕碎继续让观众选，让观众在无意识中选出写有他之前预告过的文字的纸片。他的这些表演极具魅力，让人们为之着迷。

我曾在他的录像中多次见过“选报纸”的表演，发现在表演中，达伦曾把他希望观众选中的报纸的名称具体说了出来，也曾事前将印刷的宣传单名称让观众看到。但是即便知道了这个手法，达伦能用最短的时间进行精准的表演，其手法也能称得上“神技”了。

“阈上知觉效应”被运用于类似在电影中植入“喝可乐”“吃爆米花”这样的信息，从而提高生活中可乐和爆米花的销量的情况中。它被认为能在类似于“选举中的反面宣传”等场合中起到一定效果，如今大多数国家已经禁止将这种暗示用于商业领域。

再比如，如果你出门前在家里看了关于拉面的电视特辑，虽然没有认真看，但那一天不知为何就特别想吃拉面，这就是“阈下知觉”。

不管是“阈下知觉”还是“阈上知觉”，一般都仅局限于视觉、听觉、触觉。在这里，我希望大家一定要试一下很少为人所知的听觉刺激。

每个人都有“ON”（开）和“OFF”（关）两种状态。“ON”的状态是当手头有工作等需要集中精力去做的事情时，除了做这件事，完全没有思考或谈论其他事的余地。

在职场中，人们不可能只有“ON”的状态，在碰头或开会前，或者当某个话题告一段落时，又或者会议结束后的休憩时间就是“OFF”的状态。

人类处于“OFF”的状态时，会放松警惕，而此时就是施加暗示的最佳时机，这在暗示操作领域是共通的法则。

施加暗示时，无一例外的要求是要若无其事地进行。在和顾客进行最终交涉前，不妨随便聊些有意思的话题，把“决定”“购买”这种你认为有效果的词语悄悄地植入对话中。比如，“昨天您看足球了吗？哎呀，日本队真可惜。不过，前锋嘛，就是要在关键时刻起决定性的作用。不过话说回来，这次的比赛，教练决定的上场名单就不是我喜欢的那几个人。”

顾客虽然在你的话中听到了“决定”这个词，但是绝不会把它和“决定购买商品”的“决定”联系到一起。不过，重点是这个词已经留在顾客的意识里了，你一边让这个词存在于顾客的意识里，一边用别的形式对顾客进行刺激，提示顾客“决定购买”，这样，顾客的抵抗意识就会减弱。而且，越是在“OFF”的状态下不断重复类似的词汇，对方的抵抗意识就越弱。

最后，虽然关于“阈上知觉”和“阈下知觉”这个话题无法整合到某个领域进行讨论，但它们之间的界线实际上就是对方是否意识到。模仿对方动作的“镜像法”就是利用这条界线产生的。

谈话技巧：变换语速语调，巧妙潜入人心

在我的表演中，“交谈”占据着非常重要的位置。

在心灵魔术的表演中，尽量不会使用魔术中使用的机关道具，而是在人无意识中进行操作，潜入人心。即利用声音、手势、时间、空间等代替道具，对观众进行诱导，并加以暗示。

作为心灵魔术师，我的经验与知识都还不足。国外优秀的心灵魔术师往往并不会谈论特别的话题，仅凭流畅的语调和安定的谈话就能催眠对方。

有的时候他们加快说话速度，表现出热情的一面；有的时候又放慢语速，在不知不觉间潜入对方的内心。

下面，我将从职场的角度对这种高超的谈话技巧进行说明。

首先要注意的要素是：交谈的速度。一般来说，语速慢的人会得到“值得信赖、踏实谨慎”的评价；语速快的人会得到“活跃、积极、激昂、能力强”的评价。但是，语速过快也会给人留下“欠缺说服力”的印象。

目前，很多心理学家认为，用对方能够理解的速度，从容不迫地谈话所产生的说服力比较高。但是，一开始就慢慢交谈，对方就有余地仔细品味你话里的意思。特别是在初次见面的商务会上，双方都抱有警惕心，处于一种互相打探的状态，此时，双方都不希望让他人一句一句地品味自己所说的话。如果双方有机会互相观察，就会很容易陷入互相批判的局面。

我一直认为，开始的时候把话说得又多又快是解决这一问题的好方法。用快节奏说话，对方就只能沦为“听众”。思考的时间少了，就很难有疑问，也就没有余地对你所说的话进行批判了。

然后，等对方开始产生兴趣，身体慢慢前倾时，你再放慢语速，这样，谈话的内容就比较容易被接受。（如图 34 所示）如此一来，你所说的话就会显得很有说服力，对方也会觉得你是一个很有说服力的人。

另外，在心灵魔术与自由操纵术中，语言不仅是沟通工具，更是进行暗示的手段。如在想要强调的词语上改变音调，或使用提高或降低声音大小的“消音法”造成差别等。

图 34

最后，不能忘记的是“制造时机”。

比如，在人多的场合想发言，却经常出现提高声音说话也没有人听的状况。此时，请站起身来说一句话，然后沉默一段时间。这就是在利用“沉默焦点（Silence Focus）”效应。此前一直都在吵嚷的人们看到你说了一句话后再也不说话地站在那里，大概都会想知道“发生什么事了”，然后开始把注意力集中到你的身上。

强化记忆：利用记忆曲线，加深对方印象

由于在进行表演时，我经常会请参加者从众多物品中选出一个，因此，我积累了很多让参加者选出我所希望的物品的方法。本书也介绍了很多方法，如利用肢体、语言、动作等。不过，我最喜欢在谈话中加入多重暗示，它既具有心灵魔术与自由操纵术的特征，又十分科学。

本节中，我将向读者描述一些手法，如在要求参加者写出一个两位数的时候，我是如何使用语言动摇对方的。

我会说，“现在你写的不会是谁的生日或者纪念日这种特别的数字吧？这种数字太容易被猜到了，请不要写。”

人们会在脑海中一下子想到的两位数，基本上都可以确定是和生日或与纪念日有关的数字。因为这些数字都是含有

感情的，想到这些数字也是理所当然的。

其实重点在于，很多人听了我的提醒后都会想：“哎？你怎么会知道呢？”这样一来，对于产生这种疑问的人而言，脑中已经产生了“他猜到我写的数字是什么了”的印象。于是，人们便会误以为“自己的想法被看穿了”“连这个数字的含义都被别人知道了啊”。

人们并不会把身边发生的事以同等的程度记忆在大脑中。人们的大脑只会记得那些自己想记住的事，以及认为“如果记住，对自己的生存会有帮助”的事，此后就连这些也会消失。心理学家赫尔曼·艾宾浩斯博士曾说，人的记忆在20分钟后，就会减少到原来的58%，能留在记忆里的只有印象强烈的事物和被大脑不断回忆的事物。然而，就连这些记忆也会随着时间的流逝而变得淡薄，不过，如果定期对记忆施加刺激，它们就会永远留在大脑里。

下图是根据赫尔曼·艾宾浩斯博士发现的遗忘曲线而绘制的定期复习与固定记忆之间的关系示意图。（见图35）

在考大学前，我没有去上补习班，而是在书上和网上彻底调查了哪一种学习方法最有效。有人说应该持之以恒地坚持每天背诵英语单词，但这实际上却没有太大的效果。这是为什么呢？因为根据遗忘曲线理论，最初记住的内容最终还是会被忘记。

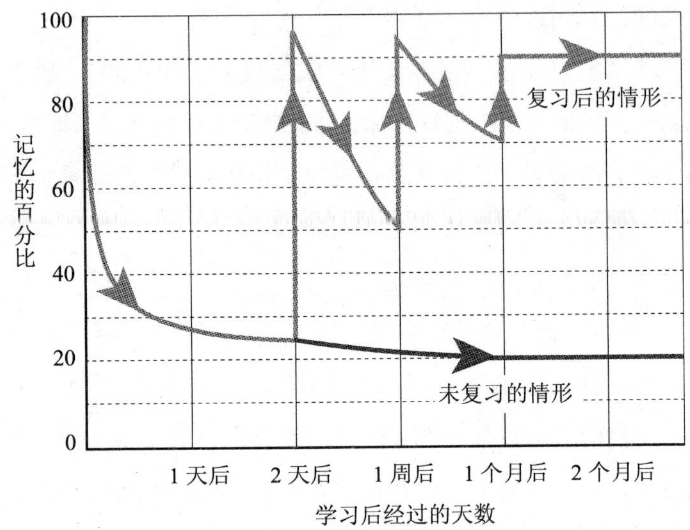

图 35

在商务场合，如果有自己非常想推荐的产品，就要尽量自然地在 20 分钟内让对方尽可能多地接触这个产品的名称与特征等。也可以说，对方对你推荐的产品是否能产生好印象，完全取决于在这 20 分钟内，你们就这个话题谈论过多少次。而且在谈话结束后、谈话的次日、谈话一周后，还要注意再次唤醒对方的记忆。

略施小计，让中意的店记住自己

在背诵某项内容时，结合过去的经历和印象一起背诵，会比较难忘记。如把电话号码记成谐音的汉字，或者按照“小学校长＋姓名”这样的模式记住熟人的名字，把人和特征结合起来记忆，类似“喜欢赌马的长泽”等。

以上说的是加强自己的记忆的方法。那么，希望别人记住自己的时候，该做些什么呢？在男性中，喜欢去“熟店”的人比较多。如果店员记住了你的名字，那么在客满的场合下就可以得到照顾，平常也会得到更好的服务，消费起来心情也会更愉快。

有人说，要想让店铺记住你的脸和名字，就要“从第一天开始连续三天不断去店里消费”。不过，店员一天之内也不知道要见多少顾客，连续去三天也不能保证对方一定记得你。

在这里，我向大家介绍一个大胆而且快速的方法。

首先，在平常用的钱包之外再准备一个钱包，里面放上一些小钱，金额控制在就算丢了也无所谓的数目，再放入名片这种能让对方知道你名字的东西。如果你有某家喜欢的店，想成为他们的熟客，希望他们记住你的名字，就故意把这个钱包忘在店里然后回家。之后过段时间再给店里打个电话，说“前些日子我去了你们店里，好像把钱包忘记在那里了”。这样做上两三次。因为钱包是非常重要的东西，于是对方肯定会想“钱包？这么重要的东西都忘了？”“又忘了啊！”等你再去店里时，他们就会想起“啊，就是那个总爱忘钱包的顾客啊”。

也就是说，让对方产生“忘钱包的人就是你”这一关联性，使得你“被人记住”。“被人记住”这个部分正是自由操纵术的技巧。当然，也有可能钱包会被别人偷走，所以这个方法有一定的风险性。不过，在商务场合，这是个非常好用的方法，希望大家一定要记住。对方可能会觉得“哎呀，这个人原来和我一样，也有点儿丢三落四啊”，从而对你产生亲近感。

消除记忆：回到特定时间点，改变对方印象

不管是什么样的记忆，只要经过 20 分钟，就会消失 42% 左右。当然，有的人记性好，有的人健忘，不过只要是人，都摆脱不了这一规律。

一般情况下，人们总是希望自己的记忆力变得更好。但是，在失败或痛苦的时候，就会忍不住想，如果能有一块擦除记忆的橡皮就好了，什么时候想擦掉这些记忆就可以擦掉……实际上，在一次本来自信满满的直播节目失败后，我就曾经十分认真地考虑过这个问题。

人类的记忆本来就是模糊的，能非常简单地进行替换。

在心理咨询中，有的心理咨询师会就一些根本没发生过的事询问咨询者，“以前你说过，曾经有过这样的经历……

现在还记得吗？”当然，大部分人可能都会回答“不记得了”。但是，当第二次见面时再问起这句话，大部分人就都会说“好像是有过这么一件事”了。等到第三次进行咨询时，大家便都会把本来没有发生过的事当成发生过，甚至开始不断地臆想出各种细节。而且，越觉得这件事真实发生过，原本的真正记忆就会消失得越干净。

“我把我那张 DVD 借给你了吧？”

“哎？我借过吗？”

“就是你借的啊。你一直都没还给我，弄丢了吧？”

“是吗？我给弄丢了？”

这样的对话在日常生活中经常发生，但其实很有可能是完全没有任何事实根据的。

假设在会议中出现了失败的一幕，而解决这一问题的最有效的方法就是向前追溯到产生“失败”前的那个时间点上，从那里开始用“其他的记忆”重新书写。

请在下列事件中寻找时间线。

15:20　闲谈中提到经济不景气。

15:27　说到同行业 K 公司倒闭的话题。

15:33　K 公司的产品不错，想把产品买过来。

15:41　谈到共同的贸易对象H公司的话题。

15:44　分析H公司股价下跌的原因。

15:46　说错了H公司负责人S的名字。

最后这一项应该是你的失言。对方公司负责人的名字都没记住，实在是不该有的错误。必须把这件事从对方的记忆中消除，就算不能消除干净，至少也要让它变淡一些。于是，请回溯到“15:33　K公司的产品不错，想把产品买过来”这个时间点上。

因为必须让对方也跟着你一同回溯，所以请这样向对方搭话。

“话说回来，刚才谈到K公司产品的话题……哎呀，那个产品叫什么名字来着？”

这么一来，对方就会在自己的大脑里“唰”地找回前面的记忆，然后回答道“啊，是G产品吧”。

“G产品的性能很棒呢，要是以后都不生产了实在是太可惜了。那个是……去年开始生产的吧？”

在这里要故意说错。

“不不，是前年生产的。”

“不好意思，我说错了。因为现在还很有市场，我以为是去年才生产的呢……其实，前些日子我偶然见到了参与G

产品制作的那个人，跟他聊起了开发新产品的事。”

像这样，改变刚才话题的走向，让它朝着你希望的方向发展。（如图 36 所示）这么一来，对方以后再想起话题走向的时候，就会变成这样：

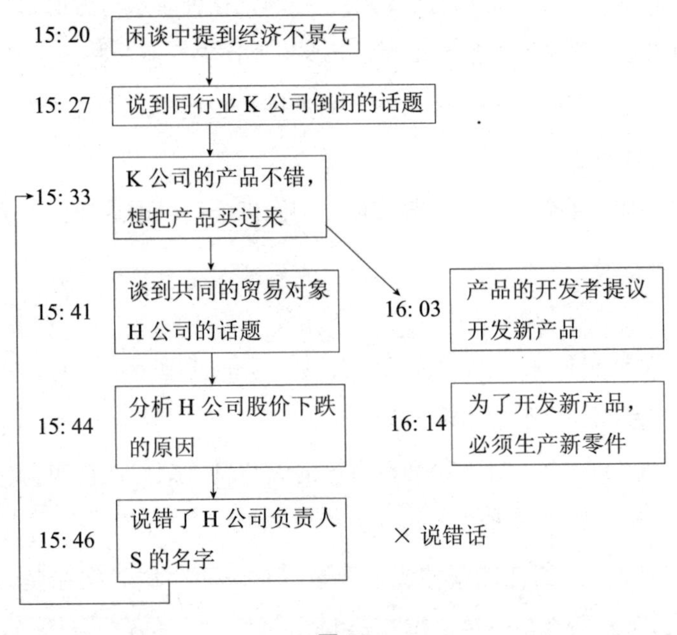

图 36

第一，经济不景气的话题。

第二，同行业 K 公司倒闭的话题。

第三，K 公司的产品不错，想把产品买过来的话题。

第四，G 产品的开发者说要开发新产品的话题。

第五，新产品需要的零件是……

如果进行得好，接下来你们还可以就“新产品”热烈讨论一番，这样消除失败记忆的效果就更好了。严格来讲，刷新记忆的其实不是别的内容，而是伴随记忆的“感情”。

不过，也并不是说对方全部的记忆都被改写了。记忆中40%被消除，也就意味着有60%被留下。别人对你“失败”的印象越深，就越要让他记住其他的事，如“那个人曾那么说过”“那个人曾那么做过”等。

在进行改写记忆的操作后，再做些让别人印象深刻的举动，“失言”的阴影会变得更淡。因此，平时请多准备几张王牌，如“对方喜欢的话题”“对方听了会感到吃惊的事”等，这也是很重要的。

植入愿望：不动声色地暗示，引导顾客购买

假设你现在非常想要一辆车，自然会对关于车的话题特别敏感；或者你刚加入一家新的高尔夫俱乐部，但是又挤不出时间去，于是听到别人在讨论高尔夫时，反应也会特别敏锐……

如果能在进行销售时，添加顾客想要的或者感兴趣的信息，就会对销售成绩很有益处。这听起来很像是需要超能力才能办到的事，但实际上，只要注意倾听顾客的闲话就能办到。

假设有两位女性进入你工作的店铺。其中一个人似乎正在减肥，目标是瘦 3 公斤。她一边对朋友说着这个话题一边拿起一个钱包端详。她似乎对经过仿古加工的深棕色皮革制品特别感兴趣，并开始仔细查看细节。这个时候，你走了过去，佯装轻松地和顾客搭话。

“这个钱包使用的是经过仿古工艺加工的皮革……”

错了！这是“你想告诉顾客”的信息，而不是“顾客想要的”信息。建议你试着这么说：

“这个钱包的颜色很像巧克力，很漂亮哦。表面又光滑，色调又浓郁，不觉得很美味吗？”

或者，“××模特把这个颜色叫作‘可可茶’。虽然没什么关系，不过她身材真好啊！”

这样就把偶然听到的减肥的话题和“巧克力”“身材好”联系起来了。而且，在销售时完全没有涉及“减肥”这样的字眼。就算顾客讨厌巧克力，对××模特也不感兴趣，两个词汇最后都没能激起顾客的购买欲望，但是你的话中完全没有可能让顾客找碴的地方，所以不需要紧张，这也是这种谈话法的优点所在。

在开会前的闲聊中，客户对你发牢骚说“今年太忙了，想去海边都没去成”。这时你可以判断出这个人想去海边，或者曾经很想去海边。

但是，开会的内容是和大海毫无关系的有关购买新型复印机的事，所以很遗憾，你没办法指着一台复印机说“这个可以带到海边玩哦……”不过话说回来，就算能说，这种话也太露骨了，起不到什么效果。客户可能还会觉得“这个人会利用我聊天时说的闲话”，然后产生警惕。

此时，就需要更微妙的暗示。比如“复印机的颜色没什么鲜艳的，有点遗憾，每种都是沙子色。如果有那种漂亮的蓝色或橙色的话，办公室看起来就更有活力了”。然后再说“前些日子咱们通电话的时候，我正好开车从沿海的 ×× 公路走过啊”。像这样，制造出一种似乎说到了海，又似乎没说到的微妙的朦胧感。（如图 37 所示）为了营造这种感觉，多少说点谎话也没关系。

也就是说，间接地把对方内心深处的希望和你要提示对方注意的东西联系在一起。这时，客户会感到自己想去的大海就相当于复印机，想要的东西就相当于复印机。发展到这一步，你就成功了。

图 37

第五章 自由操纵人心之笑傲情场篇

“恋爱”是我最感兴趣的事情。从古时候起，很多诗人就不断歌咏着那些思慕的心情和未了的心愿。可遗憾的是，男性不懂女性的心，女性也不知道男性的想法，这种状况，直到现在也没有什么改变。

养老孟司先生曾说过，喜欢、讨厌这样的感情不过是“大脑中的化学反应”，而我认为恋爱这种现象不属于化学反应，而应该属于科学范畴。

一般的恋爱指导书都把目光集中在“如何进攻”上，但从心灵魔术与自由操纵术的角度看，比起进攻手段，更起决定性作用的应该是“观察力”。如果你不能正确把握与意中人之间的“恋爱距离”，那么以后也不会有什么进展了。

在本章中，我将重点介绍如何测量你与对方之间的实际距离，以及了解对方是怎样一个人等要点，并进一步介绍基于观察的心灵魔术与自由操纵术的操作方法。

恋爱成败不在进攻，而在观察

观察力强的人会在无意识中发现，人类和动物一样，会用身体语言表达各种各样的信息。比如，微小的视线移动、身体朝向、姿势、音调等。就算不使用语言，通过观察对方的身体语言也可以把握住对方的心情。所以，有时候身体语言比语言本身更值得人信赖。

那么，该如何进行观察呢？先稍微说一说我的个人经历吧。

我曾喜欢上一位正在单恋着其他男性的女性，最后，我成功地使这位女性转而注意到我，并成了我的女朋友。

这位女性和被她单恋的男性（在这我称之为H）以前都是我的朋友，我们三个人经常会一起出去玩，而就是在这个过程中，我渐渐地意识到“哎？好像有什么情况啊”。

相比男性，女性更容易做到直视自己喜欢的人。但是，具有男孩性格、总是很冷静的她却基本无法直视H。而且，和我聊天的时候话又多又快，但H来了后就会突然安静下来，说话的次数也变少了。“和平常不一样”是对他人产生好感（或正好相反）的明确标志。比如，有个人和大家在一起的时候很安静，但和其中一人单独在一起的时候就变得很开朗；或平常很开朗的人，和某个特定对象说话时音调突然就低沉下来了，说话的次数也减少了……不管哪一种，都是在表示那个人是“特别的存在”。

我看到这些情况，并确信她暗恋H后，就开始转而思考更重要的事：H是怎么看待她的呢？

因为经常会在常去的店里见面，观察两个人之间的距离就比较简单了。当店里人比较多时，两个人也会挨着坐。不过，中间会出现“礼节上的空间”，类似于在地铁里，如果有不认识的人坐在旁边，自然而然会空出来的缝隙。当然，我可以理解无法表达心情的她因为紧张或在意而留出了这样的空隙，但H也总是注意留出这样的空间。她到店里后，H会招呼她说“坐啊”，然后把放在一边的包朝自己拉过来以隔开两人。看到这个情景，我就知道他是在无意识中拉开和她的距离。

接下来，我观察两个人的杯子之间的距离。杯子的距离往往显示了人们内心的距离。而看上去，两个人的杯子之间的距离虽然不能说远，但也不能算近。

观察了两个人的距离感后，我认为H并没有对她抱有相同的好感，最多也就是正在迷茫。我认为他们最后不会交往，于是我的机会就来了。

以当时的状态来看，她一定还在烦恼“没办法表达自己的心情”。因此，我索性单刀直入，切入她的内心。

“你喜欢H吧？可以的话，就跟我聊聊吧。”

因为她是个不会把自己的心情外露的人，我突然这么一说，她惊讶极了。

“你怎么知道？”

本来，她就不是那种会把自己的烦恼说出来的类型，再加上要求她倾诉恋爱烦恼的人是个男人。这对于她来说，完全是“与平日不同”的情形。但从这时起，她和我在一起的时间就比和H在一起的时间长了。

在和她见面的时候，我开始想，这不就可以有意让她把喜欢的对象替换成我了吗？某天，她对我说“我找他去喝酒，可是完全感觉不到我们能有什么进展，他是不是讨厌我啊！”

因为她这么说了，于是我就使了个手段。

“怎么会讨厌你呢？他和我喜欢同一个类型的女生啊。”

于是，我便不动声色地传达了自己的好感，表示“我喜欢你这个类型的女生”。对她来说，因为这不是一次明确的表白，所以既没办法做出反应，更没办法加以否定。此后，我便开始这样一点一点地把主语从“他”换成“我”，并不断重复。

对她来讲，现在她为自己和H之间的关系感到很不安，希望找人倾诉。但是，她越是找我倾诉，就越会把产生好感的对象渐渐地替换成我。

在倾诉的同时，她的大脑会一点一点地产生这样的错觉：“我喜欢的其实是这个人吧。”

在这个案例中，通过制造两个人之间的秘密或共同经历而加深信赖关系的“接近效应”也能帮上忙。于是渐渐地，她的兴趣就转移到我的身上了。

凝视对方眼睛，传递好感

美国心理学家艾伯特·梅拉比安（Albert Mehrabian）博士曾发表研究成果认为：在人类接受的信息中，对方的面部表情占整体好感的55%，声音的大小和速度占整体好感的38%，讲话内容占整体好感的7%。

也就是说，人们说的话，实际上基本传达不到对方的心里，对方接收到的实际上是其他信息。在这些非语言交流中最重要的是：运用视线传达心情。

尽管一见钟情也是需要条件的，不过那些对别人一见钟情的人，基本都会在无意识中凝视对方的脸5～7秒钟。说不定你会想"嗨，这有什么？"但实际上，人的视线接触通常也就是1秒钟左右。只要你试一下就能明白了。实际上，有时就连凝视别人目光超过 3 秒钟都是很难的。因此，在初次见面的时候，盯着别人的眼睛看那么长时间，肯定属于“特殊行为”，也可以说是一见钟情的象征。

从心灵魔术与自由操纵术的角度来讲，一言不发地凝视对方的眼睛 5 秒钟以上，就能向对方传递特殊的感情，即“这个人也许喜欢我”的信息。自己不能表白的人可以采取这一行动，用以观察对方的反应。

当然，如果一开始对方对你并没有什么好印象，那么这么长时间地盯着别人看，也许会让对方觉得恶心，反而起到反效果。所以在盯着别人看之前，请先确认对方对你的看法。

小练习

请对方伸出手，看透对方性格

在联谊会、聚会上，和朋友一起开心地玩游戏时，推荐大家做下面这个练习。

首先，请要求对方“把手伸出来”，一定要表现得轻描淡写，以便引出对方的真实反应。此时，请观察是否出现以下情况：对方毫无抵抗地马上伸出手或者对方伸手不很干脆。第一种状况表明对方相信你，尽管不一定能达到随便你做什么都可以的程度，至少也是“他不会害我”这种程度的信任。接下来分析第二种情况，对方伸手很不干脆，或者怀疑地看着你说“干吗？有点吓人啊”，而且就算伸出手来也放在你触碰不到的位置，或者手腕弯曲。这些动作都能直接显示对方对你的信任度并不高。

接下来，握住对方的手腕，向你的方向拉。从对方是用力抵抗还是很容易地就被拉过来，可以判断出对方是属于主动型还是被动型。

老实、顺从的人，或者一般不反抗他人命令的人都会按照你的吩咐做动作；而讨厌被人控制的人，不仅会用力抵抗，免得被你拉过去，还会等到你放手之后，马上把手缩回来。

当然，有的人一直都是主动型，但有的人会根据当时的气氛和对方的变化而改变自己的性格。别人都认为“强硬”的人，也有可能痛快地伸手，并被你拉过去。如果出现了这种情形，也许是因为那个人觉得“被你看到被动的一面也无所谓”的缘故。

没有人会在任何时候、任何情况下都用同样的态度示人，因此，你可以根据对方态度的变化，知道自己该如何对待他（她）。

善于挖掘共性，赢得好感

1977年，美国心理学家默斯特因根据恋爱情况创建了SVR理论。他认为在恋爱的初期，人们会产生一种“报答”心理，即认为“既然对方对我怀有好感，我也需要回报对方”。也就是说，如果你对某人怀有好感，那么，重点就在于你能把好感传达多少。

在打算进行交流的时候，一般人都会寻找能与对方产生共鸣的话题。心理学上认为“在确认对方和自己有共同性或类似性的瞬间，人们就会放松心情，容易产生安心感”。这在寻找两个人的相似之处和共同点上是非常有效果的。

当然，女性也有很多不同的类型，有的人完全不能很好地谈论自己的事，也有的人能很开朗地聊个不停。不过话说回来，人类的基本需求是“希望被理解”，所以，请先从向对方提问题开始。

虽然可能是无意识的，但马上就能和他人搞好关系的人，首先会对他人的一切事情都感兴趣，如平常都做些什么，爱好是什么，等等。

通过向别人提问题，可以在暗中传递给对方“我对你很感兴趣”的信息。当然，如果用质问的口气就会产生相反的效果，因此可以把和对方的谈话想象成一次访谈。如果对方是那种害怕和不认识的人敞开心扉的类型，不妨先由自己开头，向对方表明“我是这样的人哦”，让对方比较容易安心。

在不善于和他人沟通的人中，有不少人虽然有喜欢的对象，但是由于紧张，该说话的时候却张不开嘴，也有时虽然不太紧张，但是完全找不到话题可谈。

无论是哪一种情况，都是由于不善于发现自己和对方的共同点的缘故。善于和别人聊天的人，一边说着话，一边找到共同点。如果你是不善聊天的人，不如干脆直接问他，“我想找找和你之间的共同点，请告诉我一些关于你的事吧”，说不定对方就会告诉你。

“请问你有什么兴趣爱好？我很想知道。”

“如果有什么和我相似的地方就好了。”

不管是男性还是女性，其实都会比较喜欢这种直爽的对话。

别具一格的赞美，让对方留意你

在夸奖别人的时候，大多数人都会不知不觉地把“眼睛看到的情景”不加修饰地传达给对方。作为一种“恋爱语言”，这是非常错误的。

比如，见到长得好看的人就只会说“长得真美啊”，见到头发好的人就只会说“头发真好啊”。

虽然对方不会因此感到不愉快，但是也不会对你的赞美留下什么特别的印象。对方可能只会觉得“这话听起来挺开心，不过没什么特别的”，或者“和其他人说的一样”。

其实夸奖对方的外表，往往在确立关系后才会有效。刚见面的时候，你应该多多显示自己的存在。同时，为了得到对方的信任，必须使用一些和别人不一样的方法接近对方。

我曾经在某个聚会上遇到一位让我有点产生好感的女

性。但是在那位女性身边，经常环绕着其他朋友和同事，于是我故意不找她说话，而是若无其事地观察她，并仔细注意她身边的人都是用什么方式和她交谈的。在女性中，有“家庭型”的，也有“工作型”的，而看上去，这位女性是那种无忧无虑的“治愈型”，周围的人都很疼爱她。

此后，我有了和这位女性说话的机会。这时，我所说的内容和她一直从别人那里听到的内容是截然相反的。当然，不是什么坏话，我只是改变了夸奖她的方法。

“你看起来虽然是那种小妹妹型的，但实际上也有冷静观察周围情况的一面，一点儿也不柔弱，很靠得住呢！”

后来，我听说她提起我时笑着说“那个人很有趣，指出了我和平常不同的一面”“那个人和其他人不一样”。于是，我成功地在她心目中加深了自己的印象。

没有人能够完全掌握真实的自己。因此，人们在听到平常没听过的评价时，就会错以为“可能我是有那一面”，或者“如果是这个人的话，可能会更了解我”。

如果在你眼中对方是个“开朗”的人，就请设想这个人身上一定有“阴暗”的一面。就算是不好的一面也没关系，关键是把这个人的另一面，即表面上和与表面上相反的一面都评价出来。比如，虽然对方是一位“男性化”的女性，但她毕竟还是女性，而“女性化的人就是纤细”的；如果看到了一个人“逞强好胜”的短处，那个人就一定有“柔弱时就意味着会信任人、很温柔”的长处。

好不容易有了和对方说话的机会，却只是闲聊了两句不咸不淡的话就结束了，这样是不会有任何意义的。如果希望恋爱之路有所发展，第一步就要制造意外，让对方对你产生兴趣。

恰当模仿对方，拉近彼此距离

你和某人虽然是初次见面，但是却发现对方和自己有着“共同的感受”，这样不就会突然产生亲近感吗？又或者，一直一起行动的亲密伙伴突然和自己在同一个时间说出同一句话、做出同一个动作时，人们也会因此产生亲近感。

如果能协调好时间，就可以拉近彼此的距离，让对方产生好感。由于这一法则既可以像镜子一样映照出对方的动作，又可以相互配合，所以它被称为“镜像法”或者“配合法”。

其实这个法则的实际做法非常简单，就是模仿对方的动作。

比如，你和想要亲近的人面对面坐着喝咖啡。对方用右手拿起咖啡杯，那么就请你用左手拿起咖啡杯。（如图 38 所示）如果对方跷起二郎腿，请你也跷起二郎腿。不管是动作、行为、举止，还是姿势，都可以用以产生“镜像”。但是要注意，同步性太强会让人感到不自然，所以可以稍微慢一点。

图 38

成功使用该法则的关键在于，绝对不能让对方看穿你。在对方意识不到的情况下，要尽可能多地做出配合性动作。

本书的一位责任编辑，在这里我们就称他为 I 先生，他就曾经遇到过一个“模仿他的动作”的人。当 I 先生看到有人在模仿他的动作时，不禁想“这个人是不是看过什么心理学的书啊”。如果你让对方有了这种想法，对方就会在一瞬间加强戒备，因此，你的动作不要过于明显。

当你和对方做到同步调，并建立起信赖关系后，对方就会开始无意识地模仿你，这一现象被称为“亲密的镜像”法则。关系密切的朋友总是同时说出相同的话、同时笑，就连爱好也变得一样，便是这种现象的完美体现。

小练习

学会不动声色地模仿他人

如果你觉得“只不过是模仿而已，很简单嘛”，于是马上找人实践，那可就危险了。就好像刚学会魔术就去人前表演一样，总会容易心跳加速，担心“会不会露馅”。因此，在正式使用前还是需要进一步训练的。

在练习前，建议大家选择一个不会和你真正生气的人，这样，就算你露馅了也不会有问题。而成功运用该法则的秘诀在于要不动声色，自然地模仿对方。首先从模仿对方的表情和简单的姿势开始，如果可以自然地做到这步，接下来就可以模仿喝饮料、跷二郎腿这样的动作了。如果能在对方意识不到的情况下完成，就可以把练习对象上升为同事、上司、客户……

经过不断地练习，你最终也能成为在毫无压力的状态下行使“镜像法”的大师了。

镜像法的最高境界：呼吸合拍

在这种用于构筑好感和信赖关系的“镜像法”中，最高超的部分便是呼吸。请试着配合你想接近的人的呼吸，即对方吸气的时候你也吸气。通过呼吸同调，可以促进双方身心同调。但是，因为人呼吸的时机很难辨别，请在对方讲话的时候注视着对方。在说话时，对方会先吐气，再吸气，最后说下一句话，请注意跟上对方的呼吸节奏。

之所以把呼吸称为最高超的“镜像法”，是因为呼吸合拍是催眠的最初阶段。在对方吐气的时候，比较容易接受别人说的话，这在埃里克森博士的催眠疗法中是经常被使用的催眠手法，他会在对方吐气的时候对其进行暗示，这样会取得显著的效果。

在上文中，我已经说过，“镜像法”的使用秘诀是绝对不能被对方发觉。如果对方注意到你在模仿他（她），他（她）就会产生不快，还会想到“不会有什么阴谋吧？”不过，如果利用呼吸来使用“镜像法”的话，只要你的呼吸不出现过快等不自然的情况，对方通常是不会怀疑的。

合理的身体接触，使对方产生亲近感

靠“镜像法”可以达到亲近对方的目的，靠接触对方身体同样也能起到让对方产生亲近感的效果。但前提是，这种接触必须是合理而恰当的。

事实上，美国密西西比大学也曾得出这样的研究结论，即“在极其自然的情形下，侍者轻触客人的手或肩膀，能拿到更多的小费”。

又比如，当被触碰到手腕时，人们会帮助素不相识的失主寻找失物的概率就会增长 27%，如果被触碰过两次以上，概率会更高。因此，在拜托别人的时候，自然地触碰对方的身体是很重要的。

另外，如果在路边或店铺里认识了陌生人，想和对方交换电话号码，也可以通过触碰身体提高成功率。

当然，有的人不希望被异性触碰身体，有的人则不希望被同性触碰，因此请务必要注意这些小问题。

而且，触碰身体的哪一个部分，至关重要。

如果对方是女性，碰到了不合适的地方，不仅会使对方紧张，说不定还会引起对方强烈的反感。双臂和肩膀是比较安全的区域，不分男女都可以简单地触碰，不会让对方产生反感。不过，如果是在商务场合，又或者对方的地位比自己高，这两个部位也是很难碰触到的。

不管是在工作场合还是在恋爱时，最容易触到对方双臂的状况是：在建筑物的入口处引导对方进去时，在餐馆里请对方坐下时（如图 39 所示），向对方示意建筑物的出口时（如图 40 所示）等。

约会时，如果两个人并肩而坐，一边闲谈一边自然地碰触对方的手臂也是很有效果的。

根据状况的不同，也可以触碰对方的后背，不过，女性如果突然被男性碰触到后背，会一下子警惕起来。另外，由于后背是眼睛看不到的地方，即便是男性，突然感到“有人碰我”的时候，也会产生细微的“恐惧感”。因此，在触碰对方的时候，请一定要站在“对方看得见的范围内”。

图 39

图 40

值得一提的是，将与对方进行身体接触和读肌术结合起来，既能与对方产生亲近感，又能观察对方的紧张状态。

小练习

学会自然触碰别人的身体

有些人能很快做到自然地触碰别人的身体，但也有人会对此怀有抵触情绪。不过，只要习惯了，任何人都能很自然地做到这一点，因此请务必掌握这项技能。

请在呼唤朋友或恋人的时候，轻拍对方的手腕，或者可以进一步地“把手放上去”，而不是单纯拍打手腕。谈论有趣的话题时，可以不动声色地触碰对方的肩膀和双臂。当然，在实践中，请注意不要让对方觉得你在漫无目的地乱摸。

诱导谈话术，让对方主动敞开心扉

曾经，有很多人拜访并求助过埃里克森博士。他们中的大部分人都封闭了自己的内心，有的人更因为之前的心理咨询师“俯视的视线”而不愿敞开心扉。

在这种情况下，埃里克森博士摆脱了心理咨询师一贯用来告诫病人“不能这么做”的桎梏，重新打造了“这样也行，那样也行，那么做也可以”的心理咨询方法。

有一位咨询者曾对博士这么说：

“我不喜欢坐在椅子上，也不会听你说。”

这时，博士回答说：

“我明白了。你不坐椅子，也不听我说很多话。那么，你站着听我说一句话应该没关系吧？”

“你想说就说吧，不过，我可不听。”

于是，他就在接下来说的那句话里加入了暗示，让咨询者不知不觉地被催眠了。

在心理学中，这种谈话方式被称为“可能性谈话术”，也就是说，不对对方进行任何强制，只说“A 也可以，B 也可以，做其他的事也行”。这种句子只是在阐述一种可能性，在语法上没有任何否定意义，这样，谈话就能以柔和的方式进行下去。由于这种谈话术强迫并诱导对方的情况很少，所以也被视为初学者可以使用的技巧。不过，这种谈话术的关键在于要在表面上放任对方，而实际上让事情按照自己的意图发展下去。

比如，你问喜欢的女性：“只是假设一下，如果和我去泡温泉的话，你是喜欢去现代化的宾馆，还是喜欢有情调的老式旅馆呢？”（如图 41 所示）

尽管这个问题是以两个人一起去泡温泉为前提的，但其中并没有“绝对要去”，以及“什么时候去”等强制成分，而只是让对方对旅行进行一些想象。

反复进行几次这样的询问，对方就会开始想象“一起去泡温泉”的情景，此后再回答类似的问题时，就会开始想象“结婚”“交往”之类的情景。因为对方处于已经想象过一次，而且觉得“可以”的状态下，于是，等你抓住时机真的邀请对方去泡温泉时，只需要说“我找到了一家不错的老式旅馆，下次一起去吧！”大概就能很容易地成功了。

图 41

“想象力”不仅可以应用在心灵魔术中，只要运用得当，在任何场合都是可以使用的。在本节中，我们就把这种谈话术利用在了恋爱场合当中。

一定要让对方主动说出希望

当你邀请心上人约会的时候，有没有用过类似于“下次去XX吧”这种已经对行动内容加以限定的句子呢?

如果你想有什么实质性的进展，那么这样的话是没有任何效果的。你一定要让对方说出他（她）想做什么，想怎么做。

假设你喜欢的人爱看电影，你们的对话就应该这样展开：

“我想去看电影，最近有什么好片子吗？”

“XX怎么样？”

“啊，这个不错。你看了吗？”

“前些日子去看过了，很有意思的。”

“这样啊，那应该不错。还有什么新片子吗？”

“如果说新片子的话，那就是XX了，X月开始上映的，我有点想看。”

“啊，那部片子主要讲什么呢？”

“它主要讲的是……”

“哦？我也有点想看了。你准备去看吗？”

“嗯。”

“那就去看这个吧！”

由于是从对方口中得出他（她）感兴趣和想做的事，所以邀请他（她）去做，一般都不会让他（她）产生抗拒情绪，所以一定要试着让对方自己说出愿望。

灵活变换技巧，轻松让人接受请求

很多人都为如何开口邀请喜欢的人或如何让喜欢的人接受邀请而苦恼不已。实际上，想要邀请自己喜欢的人做些事情并不难，有很多种方法可以运用。

DITF 法：先说难的，再说简单的

其中，不管是在恋爱时还是在工作场合都非常有名的 Door In The Face（简称 DITF）法，就是一个非常有用的方法。

通俗来讲，DITF 法指的是别人一打开门，就厚着脸皮拜托别人做某件事。（如图 42 所示）

运用这一法则时，要先让别人拒绝自己，认为“这种事是办不到的”，然后，再提出另一个比较简单的请求，这样

图 42

对方就能比较容易地接受了。

也就是说，要利用对方“既然他都让步了，我也得做点什么”的心理让她同意你的请求。当然，一开始的请求只是个幌子，真正想要拜托的应该是后面那件事。

比如，你可以这样说：

“明天去北海道动物园玩一天吧。”

“明天？我还有事呢，而且北海道也太……”

当然，明天不能去北海道是意料之中的事。下面的问题才是真正的目的，不过，这个目的要合理，这样对方才会考虑。

“去不了啊？这也没办法。那下个星期天去 ×× 兜风怎么样？ ×× 有很多好吃的店哦！”

一般情况下，对方会同意你第二次的提议，主要是因为她已经拒绝了一次，因而会产生罪恶感，所以想要补偿你一下。使用该技巧的关键在于，开始时要提出一个很难办到的“幌子”，然后再提出合理的、真正想要提出的请求。

FITD 法：先说小的，再说大的

DITF 法主要讲的是，在明知对方会拒绝的前提下，提出一个对方很难办到的难题，如果对方拒绝，再提出一个容易一点的要求，其目的是唤醒对方让步。过去，在农村经常发生的上门推销案就是使用这种手法进行诈骗的。

一些人会装出一副很可怕的样子到别人家里说：“这个东西 10000 日元（约合人民币 589 元。编者注：按照编书时日元与人民币的汇率计算得出，下同），请买下！”人们会很害怕地说：“哎呀，买不起啊。”然后那些人就说：“是吗？

那买这个吧。”他们拿出1000日元（约合人民币58.90元）的东西来让人们买，于是人们就说这个可以，然后就买下了。

这个案例就是基于DITF理论而衍生的推销手法。有些推销员起初向顾客推销300万日元（约合人民币17万元）的化妆品，最后卖给顾客的化妆品仅值30万日元（约合人民币1.7万元）。顾客会觉得，才30万日元就买到这套化妆品应该是很便宜的吧，于是便买下了。

而与DITF相反的手法是FITD（Foot In The Door）法。它是指，我们要把脚尖塞到对方刚刚打开的门里，哀求着说：“求求你了，至少听我说一句吧。”当然，哀求只不过是做做样子。如果对方让你进了门，你再要求喝茶，求人家让你洗澡，给你吃饭，甚至让你住一夜等就容易得多了。

在恋爱时，如果对方答应跟你去喝茶，那么你就可以一点一点地抬高目标，比如吃饭后，去喝两杯、出去旅行等，一般这些请求是比较容易被满足的。这是因为，只要一开始对方说了“小的‘Yes’”，那么两个人之间就形成了某种联系，对方就比较容易说出“大的‘Yes’”，也就是会进入难以拒绝的状态。

这就如同在广告上剪下了“免费体验券”，结果到店后买了一堆高价商品是一个道理。FITD法就是尽可能地不断提出让对方无法拒绝的要求。

如果两个人是第一次见面，那么你可以说："我加你QQ吧。"

如果两个人已经认识了，那么你就可以说："周末（或下班后）能出来聊聊吗？"

该手法的要点在于，你所提出的要求要控制在让对方觉得"这点事应该没关系"的程度上。

善用分离法，使事情简单化

很久以前，我在某家店里看到一对正在吵架的恋人。那位男士似乎不知道女朋友为什么生气，满脸困惑地说“对不起，可是我做错了什么？究竟是什么地方惹你不高兴了，你要告诉我啊”，他的女朋友听到这句话后更生气了，丢下一句，“我就是讨厌你这点”，然后就回去了。

其实，之所以会出现后面这种状况，原因在于男女双方并没有明确地把问题分离出来。如果使用了埃里克森博士使用过的“分离法”，就不会这样了。

分离法是应用在心理治疗上的一种会话方法。比如，一位患者倾诉说“我是个没用的人”，此时，心理咨询师就会说“你也做过成功的事吧”“以前你是没有这种感觉的吧”，目的在于告诉患者他并不是在整体上“不行”，所谓的“不行”只是“做不到某件事”，只是他身上的一部分特征而已。

也可以说，分离法是一种让对方的内心放松下来的手法。比如，我们可以把时间划分成年、月、周、日、时。如果有人对你说：“很久很久以前就是很久以前还要再以前”，那么你可能无法理解，但是如果人家对你说：“前天是指昨天的前一天”，那么你就会很自然地把“前天”分离出来。而人的行为和动作也是可以这样分离并加以区分的。

就拿上面的例子来说，如果那位男士这样问：“可能我犯了不少错，对不起。不过，你觉得特别受不了的事情是哪一件呢？”那么，他的女朋友可能就会回答说：“我并不是说讨厌你这个人，而是那时候发生的事，太叫人生气了。”这样一来，估计她就不会抛下男朋友一个人回去了吧。

同样，你甚至还可以通过这种方法攻陷已经有恋人的人，或者说已经有特定对象的人。有人可能会感到难以置信：这种事真的能做到吗？

如果喜欢的人已经有了特定的对象，那么，什么样的话能让对方觉得“内心放松”呢？

“我并不是喜欢作为‘××的恋人’的你，而是喜欢作为一个女性（男性）的你。”

通过这句话，你向对方提示了她（他）的两个身份：作

为“一个独立的人（女性 / 男性）的自己”和作为“××的恋人（妻子 / 丈夫）的自己”。（如图 43 所示）

图 43

这样就把对方本来重叠在一起的两种身份分开了。

如此一来，作为“×× 的恋人的自己”和恋人之外的人一起吃饭游玩是不合适的，但如果是作为“一个独立的人的自己”，那这些事不就是个人的事了吗？

对方一旦产生了这种意识，那么在作为“一个独立的人的自己”的时候，就算有人说“我喜欢你”，对方也会毫无芥蒂地听下去。因为她（他）知道即便别人希望自己背叛恋人，可实质上自己并没有出轨。

接下来，为了能够明确地、更有效果地把对方的两种身份分开，请在说“我并不是喜欢作为‘×× 的恋人的你’，而是喜欢作为一个女性（男性）的你”时，在作为“××恋人的你”和作为“一个独立的人的你”的部分上变化音调。然后，根据这个原则，在和作为“一个独立的人”的对方说话时，就用同样的音调说话。

在不得不掩藏好感的场合下，就用“作为 ×× 恋人的你”的音调说话，那么，对方也会清晰地把两种身份区分开。

让对方失去兴趣，减少分手伤害

要和一直以来都很喜欢的人分手，还真需要一点勇气啊。在自己想离开对方时，该如何抓住时机提出分手，该如何使用措辞，该找什么理由呢？无论如何也不希望让对方难过，这还真是个让人头疼的问题。

极端地说，没有什么尽善尽美的方法。不过，作为提出分手之前的铺垫，也可以使用下面这个技巧。

那就是“让对方对你失去兴趣”，也可以把它称为“分手之前的准备”。

使用这个手法并不需要触及对方的内心，只需要用那些一目了然的动作，就可以不经意地一点一点地冷却对方，让对方感觉到你们之间有距离，你已经对她（他）不感兴趣了。

因为大部分人都喜欢对自己感兴趣的人，所以，你说这句话对“使对方离开你”是很有效果的。

首先，参考让对方产生亲近感的“镜像法”，然后全部反着做。

比如，女朋友正在兴致勃勃地说着某事，她探出上半身讲话时，你就靠在椅背上听；如果女朋友特别守时，你就故意迟到；假装忘记她讨厌吃的东西和不喜欢的物品，让她看到你说的话、做的事。这一切都要完全和“镜像法”相反。

其实最有效的方法就是不听她讲话，因为女性大多要从与别人的交谈中获得安心。对她来说，如果你不听她说话，你就不再是一个合适的谈话对象了。这么一来，以前被她冷落的朋友就会成为谈话对象。如果这些朋友对她说“不珍惜你的男人就赶快分手吧”，那么她的心就会逐渐自然而然地离你远去。

人类的心理是很有趣的，如果失去了什么，就会寻求替代品。所以重点是，你要使对方对你失去兴趣，并让对方寻找其他对象。这个对象既可以是其他的异性，也可以是工作或者爱好。如果对方是个工作狂，那么，当她的职位发生变化，或者找到了新的兴趣点的时候，你就可以提出分手了。

只要对方对你的兴趣越来越低，对别的事物越来越感兴趣，那么你们之间的相处时间自然就会越来越少。如果暂时不见面，那么她对你的兴趣就会变得越来越低。最后，对方对你的兴趣就会彻底消失了。

后 记

POSTSCRIPT

随着我在媒体上露面机会的增多，越来越多的人问我“什么是心灵魔术？”

我所进行的心灵魔术，是将被称为“超能力”或者“通灵能力”的力量，通过科学和逻辑“再现”的一种表演行为。既然有再现性，就有规律和方法可循，因此，就算没有什么特殊的能力，只要掌握了规律和方法，你也能像我一样，成功再现“读心术”“操纵术”等特殊技能。

比如，猜中别人心里所选的数字或物品的表演。其实，从心灵魔术和自由操纵术的角度来看，这并不是“猜”的，而是使用会话术或“印象操作”等技巧，让对方“选中”自己看中的数字或物品。而这些正是被称为“超能力者”或“通灵者”之间代代传承，并被他们不断完善的技巧。这些技巧并没有写在纸上，而是通过口头流传下来的。名声不好的职业骗子们使用的手法，自然也包含在内。

在本书中，我已经尽量将这些一直“蒙着神秘面纱”的技巧加以具体解说，使之显得更加明白、易懂，同时，我还加入了一些能简单领会心灵魔术与自由操纵术的练习环节，介绍了一些我在表演中经常用到的技巧。所以，如果在电视上看到了我的表演，就算注意到了“啊，用的是那条法则”，但是也请考虑一下把秘诀都传授出来的我的感受，不要向周围人解说得太多哦！

如果你能在对方不注意的情况下，真正做到“自由操纵人心”，那么你就是沟通大师了。另外，如果能熟练运用心灵魔术和本书中着重介绍的自由操纵术，那么不管是在私人领域，还是在工作场合，相信作为沟通大师的你，都一定会令人印象深刻。